KB090937

To. 이기는 부모

_____ 님께

드립니다.

From _____

화내지 않는 육아

이기는 부모

'인생이 이룰 수 있는
최고의 성공,
아이를 기르는 것'

김순선 지음

회내지 않는 육아

이기는

부모

글라이더

당신의 육아는
안녕하십니까?

나는 강압적인 육아를 해 온 사람이다. 그 점에서 나는 자유롭지 못하다. 책에도 나와 있지만 청년이 된 아들이 지금도 내게 말한다.

"엄마는 그 때 너무 했다."

할 말이 없다. 초등학교 3학년 때, 아이는 요일을 바꿔가며 학원을 일곱 개나 다녔다. 굳이 변명을 하자면 통근 거리는 멀고, 딱히 맡길 곳도 없어 퇴근 때 까지 시간을 맞춰야 하다 보니 그렇게 할 수밖에 없었다. 엄마인 나로서는 어쩔 수 없는 선택이었고, 또 그 시기에 그런 것 정도는 배워 두는 것이 '아이에게 좋을 것' 같아 사교육을 받게 했던 것인데 십오륙 년이 지난 지금까지도 아들에게는 원망스러운 기억이 되고 있다. 그 점에서 이 책은 나의 참회록이다.

나는 수없이 실패하고, 낙담하고, 울었다. 남들은 화내지 않고서도 아이를 잘 기르는 것 같은데 나는 아무리 해도 되지 않았다. 열심히 책을 읽고 강연을 들으며 누구보다 잘 키워보려고 노력했지만 아이는 날마다 나를 시험에 들게 했고, 인내의 끝에 '욱'하고 화를 낸 후엔 자책하는 내면과도 힘겨운 싸움을 해야 했다. 그런 중에 직업이 선생인 나는 많은 학부모들과 상담을 하면서 그들도 모두 '아이에게 화를 내는 저는 나쁜 부모입니다'라는 고백을 한다는 것을 알게 되었다.

오늘 이 책을 읽는 당신에게 나는 질문한다.
"당신의 육아는 안녕하십니까?"

'화내지 않는 부모'

아들 둘을 키우고, 30년이 넘게 수많은 아이들을 가르쳐 오면서 나는 늘 '화내지 않고' 아이를 기르고 싶은 소망을 가지고 살았다. '화내지 않고 길러야 좋은 부모'라는 신념 때문이었다. 하지만 교육하는 수십 년 동안 자리 잡았던 그 믿음은 십여 년 전 인근 학교 앞에서 일어난 사고 이후 송두리째 흔들렸다. 과연 화내지 않고 아이를 기르는 것이 내 아이를 위한 유일하고도 좋은 선택일까.

물론 아이가 옳지 않은 행동을 하거나 떼쟁이의 모습을 보인다면 양육자인 우리는 책에서 말하는 대로 아이의 어깨를 잡고 눈을 맞추며, 왜 그러한 행동이 나쁜지, 왜 그렇게 행동하면 안 되는지에 대해 '차근차근 설명'을 해야 한다. 소위 '화내지 않는 교육법'이다. 그러나 아이를 기르다 보면 그렇게 찬찬히 설명할 수 없는 순간을 만나기도 한다.

인근 학교 앞에서 있었던 일이다.

오랜만에 회사 일이 일찍 끝난 엄마가 몇 달 전 입학한 아이를 깜짝 놀라게 해주려고 기다리고 있었다. 삼삼오오 친구들과 교문을 나오던 아이는 뜻밖에 건너편 문구점 앞에 서 있는 엄마를 보고는 너무 기뻐 "엄마~"하고 횡단보도를 건너려고 했다.

바로 그 때, 왼쪽에서 달려오는 자동차를 본 엄마가 외쳤다.

"안 돼!"

순간 아이는 평소 같지 않은 엄마의 고함 소리에 멈칫했지만 "왜 엄마?"하면서 실내화 가방을 빙빙 돌리며 달려오다 영영 돌아올 수 없는 길로 떠나고 말았다.

그 날 이후 나는 소리 지르지 않고 아이를 기르는 문제에 대해 많은 생각을 했다. 만일 평소에 부모가 큰 소리로 "안 돼!"라고 했을 때 멈추는 훈련이 되어 있었다면 상황은 완전히 달라졌을지도 모른다. 모든 부모들의 로망처럼 화내지 않고 아이를 키울 수 있다면 더할 나위 없겠지만, 그것이 생명을 좌우하는 문제가 될 수도 있는 것이라면 우리는 이 문제에 대해 다시 접근해야 할 필요가 있다.

부모이자 선생인 우리는 아이에게 일상의 안전벨트를 만들어 주어야 한다. 그것이 '화 내지 않고' 아이의 몸에 체득된다면 더없이 좋겠지만, 대부분의 경우 그것은 양육자에게 끊임없는 인내를 요구한다. 이 책은 '화내지 않고 아이 기르기'에 대해 날마다 고민하는 부모들, 그리고 순간순간 아이를 가르치며 동일한 시험에 드는 선생인

이기는 부모

나 자신을 향해 온 몸과 가슴으로 쓴 책이다. 그 점에서 이 책은 올바른 양육 방법 뿐 아니라, 어떤 가치관을 가지고 아이를 길러야 할지에 대해 화두를 던진다.

결론부터 말하자면 포기하지 말자는 것이다. 우리가 포기하지만 않는다면 아이는 태어날 때 가지고 나온 스스로의 힘으로 성장해 갈 것이고 그 일을 수행한 나와 당신은 '인생이 이룰 수 있는 최고의 성공'을 이뤄낸 기쁨으로 웃게 될 것이다. 결국 나와 당신은 이길 것이다. 나는 이 책 속에 담긴 에너지가 육아로 힘들어 하는 당신의 삶을 바꿔 놓기를 원한다. '화내지 않는 육아'는 얼마든지 가능하며 그런 삶을 사는 사람을 나는 '이기는 부모'라 부른다.

이기는 부모, 그런 기쁨이 나와 당신에게 있기를 소망한다.

책이 나오기 까지 엄마의 부족함에도 아름답게 성장해 가는 두 아들 평안과 넘, 만면에 허물뿐인 마누라를 반석 같은 믿음으로 지지해 준 사랑하는 남편 신윤권, 타고난 천재성으로 순식간에 '도치 가족'을 탄생시켜 책의 가치를 높여준 사하라 작가, 졸필인 나를 '빙점'의 미우라 아야코 같은 작가가 되게 해 달라고 30년을 한결같이 기도해 주신 영원한 나의 멘토 김정희 선교사, 그리고 소망담은 기도로 함께 세상을 밝혀가는 고신대 소진희 교수님을 비롯한 많은 동역자들, 무엇보다도 나의 일생을 인도하시는 하나님께 감사의 마음을 전하지 아니할 수 없다.

차례

이기는 부모

1장

당신의 육아는
안녕하십니까?

01

왜 책대로
안 되는 거지?

지금의 청년들을 일컬어 '삼포세대'라 한다. 연애도, 취업도, 결혼도 포기한 세대. 돈이 모든 가치에 우선하는 자본주의 시대를 사는 청년들에겐 당연한 결과다. 군대를 갔다 오고 대학 2학년에 복학한 우리 아들도 "여자 친구 없어?"라는 말에 "내가 왜 아까운 돈으로 남에게 밥을 사 줘야 돼요?"라고 한다. 남이라고? 그저 웃고 만다.

"네가 정말 좋아하는 여자를 아직 못 만나서 그렇다."

진짜 좋아하는 사람을 만나서 연애를 해 본 사람은 안다. 그 즈음엔 모든 결정의 기준이 '나'가 아니라 '그녀'이고 '그 남자'인 것을.

내 친구는 아무리 찾아봐도 이탈리아 여행 때 산 명품 스카프가 안보여 저녁을 먹으며 남편과 아들에게 "엄마가 요즘 갱년기라 뭘 잘 잊어버리는가 봐. 지난번에 당신이 사 준 스카프가 없네"라고 했더니 옆에 있던 아들 녀석이 머리를 긁적이며 하는 말.

"엄마, 사실은 제가 여자 친구 갖다 줬어요."

돈이 없으면 엄마 것을 훔쳐서라도 좋아하는 여자에게 주고 싶은 마음, 그것이 연애하는 모든 남녀의 마음이다.

그런 남녀가 만나 상대의 마음이 확인되고, 이 사람과 결혼해서 가정을 꾸려도 되겠다는 확신이 서면 결혼 이후의 생활에 대해 이야기하는 건 아주 자연스러운 일이다. 함께 살 집은 어떻게 마련하고, 아이는 몇 명을 낳고 어떻게 기를지 등등. 요즘엔 남녀의 얼굴을 합성해 2세의 모습이 어떨지 예측해 주는 앱이 인기를 끌기도 한다.

아무리 욜로(You Only Live Once, 한 번뿐인 인생을 즐기고 살자는 뜻의 신조어) 열풍이 대한민국을 휩쓸고 있다 해도 결혼하는 모든 이들의 소망은 자신들의 2세를 낳는 것, 그리고 그 아이를 자기들보다는 더 성공적이고 행복한 삶을 살 수 있도록 해 주고 싶은 것임에 이의가 있는 사람은 아무도 없다. 이는 신이 인간의 마음속에 심어놓은 게놈(genome) 지도 속 바꿀 수 없는 유전자 같은 것이다.

좋은 부모 되기 프로젝트

'좋은 부모 되기!' 계획에서부터 좋은 부모 되기 프로젝트는 부산하다. 어떤 음악을 듣고, 어떤 음식을 가려 먹으면 좀 더 머리 좋은 아이를 낳을 수 있을까, 어떤 것을 보고 어떤 생각을 하면 아이의 심성이 좋아질까 모두들 조심조심 태교를 한다. 몇 달 전 결혼한 내 후배는 태중의 아이를 위해 영문학 서적을 다시 읽기 시작했다고 했다.

어디 그뿐인가? 10개월의 긴 기다림 끝에 품에 안기는 아이의 탄생 순간은 그야말로 환희다. 요즘에는 갓 태어난 순간부터 기록으로 남기는 게 열풍이다. 눈도 뜨지 못한 아기의 사진을 온갖 지인들의 SNS에 올려놓고 '부모 닮아서 정말 잘생겼네, 큰일 하게 생겼네' 등의 댓글에 황홀경을 누린다. 거기다 나처럼 시부모께서 병원비 보태라며 수표 한 장 건네준다면 더 감동한다. '우와, 부모가 된다는 것이 이런 것인가!' 아이 탄생의 기쁨에 입덧으로 힘들었던 지난 열 달은 온데간데없다. 그때쯤엔 결혼하지 않으려고 하는 친구들이 이상해 보이기까지 한다.

'그래 역시 사람은 결혼을 하고, 아이는 꼭 낳아 봐야 돼'

날마다 부모를 시험에 들게 하는 존재, 내 아이

하지만 딱 거기까지다.

그 다음부터는 전쟁이다, 육아 전쟁. 오죽했으면《엄마 난중일기》란 책이 나오고, '육아라 쓰고 전쟁이라 읽는다'라고 올려놓은 인스타그램 게시물에 수백 명이 '좋아요!'라고 공감할까?

이제 막 부모가 된 초보 엄마에게 쉬운 일이란 없다. 나같이 제왕절개로 출산한 사람은 수술 부위가 아무는 고통을 참아내느라 제 몸하나 추스르기 힘든데, 젖 먹이고, 씻기고, 재우는 일 그 어느 것 하나쉽지 않다. 어떻게 손을 대고 목욕을 시켜야 할지, 기저귀는 어떻게갈아야 하는지 도대체 감이 오지 않는다. 그야말로 아기는 모체 밖으로 나올 때부터 눈 감고 자는 모습이 가장 예쁘다. 그렇게 해산을 손

꼽아 기다렸는데, 아이러니가 아닐 수 없다.

그래도 신은 부모에게 자녀 사랑의 마음을 부어 이 모든 어려움을 이겨 내게 한다. 아기가 아직 엄마 뱃속인지 아닌지를 분간 못해 밤낮이 바뀌어도 초보 부모는 교대로 잠을 자며 젖은 기저귀를 갈고, 비몽사몽간에 젖병을 흔들어 먹인다. 이마에 미열이라도 있는 날이면 마음을 졸이며 체온계를 갖다 대고 찬 수건으로 몸을 닦아 주면서 밤을 지새운다. 돈 받고 하라면 아무도 하지 않을 일을 그들은 '부모'라는 이름으로 거뜬히 해낸다. 거의 초월적인 능력으로.

아기의 백일은 그렇게 허둥지둥, 좌충우돌 맞는 경우가 대부분이다. 그러다 걷기라도 하는 날에는 부부 중 누가 먼저랄 것도 없이 '직립 보행하는 자녀'를 둔 기쁨을 온 천하 만민에게 고한다. 그뿐 아니다. "나는 아직도 첫째가 아빠라고 부른 날을 잊지 못해"라는 남편의 말처럼 아이는 존재 자체로 부모의 기쁨이 된다. 아무리 육아가 전쟁이라고 해도 견딜 만한 이유다. 아이가 조그만 입술로 "엄마"를 부르고, 아빠의 "까꿍"에 목젖을 드러내며 까르르 웃을 땐 세상 모두를 다 가진, 부모만이 느낄 수 있는 격한 감동이 있다.

"아이 생각하면 세상에 못할 것이 없다"라는 젊은 아빠들의 말은 빈말이 아니다. 상사의 꾸지람도, 두 시간씩 걸리는 지옥 같은 출퇴근도 넉넉히 이길 수 있다. 현관문을 열기만 하면 엉덩이에 기저귀를 찬 채 아장아장 길어와 "아빠" 하고 불러 주는 아이가 있으니까.

그런데…….

온 천하를 다 주어도 바꾸지 않을 만큼 예뻤던 아이가 직립 보행

시기를 지나 너덧 살쯤 되면 얘기가 달라진다. 옛말에 "미운 여섯 살, 쥐어박고 싶은 일곱 살"은 그냥 나온 말이 아니다.

엄지손가락은 언제나 입에 넣고 빨고, 욕실을 물바다로 만들며, 화장대엔 남아 있는 게 없을 뿐 아니라 마트는 갈 때마다 전쟁이다. 그뿐인가. 아이들은 또 십중팔구 '버티기 대장'에다 '떼쟁이'다. 시키는 것마다 뭉그적대며 늘장을 부린다. 어쩌다 아빠 노릇 해 보려고 공부 좀 가르치려면 필통 찾는다고 5분, 지우개 찾는다고 10분. 버티기와 굳히기에 들어가 도대체 말이라고는 듣지 않는다. 이쯤 되면 화나지 않는 부모가 어디 있으랴.

'참자, 그러니까 애지. 그래 참아야 돼' 하면서 쉼 호흡도 해 보고, 아이 곁을 떠나 아예 다른 곳으로 가 보기도 한다. 어떤 때는 그 방법이 성공하는 것 같기도 하다. 하지만 그때뿐. 아이는 또다시 다른 것에 빠져 화를 내게 만든다. 날마다 부모로 하여금 '시험에 들게 하는 존재' 그가 바로 내가 키우는 '내 아이'이다.

나 역시 열심히 육아 책을 읽어 가며 화내지 않고 아이를 키워 보려고 무던히 애를 썼다. 가장 좋은 의사소통은 공감 대화라고 해서 실천해 봤지만 아이의 잘못된 행동에 대해 마음 깊이 공감해 주기란 쉽지 않았다. 칭찬을 하면 아이의 반응이 달라진다고 해서 도전했지만 그렇지도 않았다. 감정을 차분하게 가라앉히고 설명하면 아이가 이해하고 받아들여 고쳐 간다고 했는데 변화되는 기미도 없었다.

왜 책대로 되지 않을까? 정말 화내지 않는 육아는 할 수 없는 것일까?

16

02
당신의 육아는
안녕하십니까?

"나만큼 힘들게 아이 키우는 사람 있으면 나와 봐!"

남들은 다 쉽게 아이를 기르는 것 같은데, 유독 나만 힘들다고 생각하는 사람들이 있다. 나도 예외가 아니었다.

두 아이를 괴롭힌 아토피, 그 괴물

우리 부부가 두 아이를 기르면서 가장 힘들었던 것은 아토피였다. 우리는 지금도 얼굴이 발갛게 되어 고사리 손으로 몸을 긁고 있는 아이들을 보면 남의 일 같지가 않다. 그래서 나는 아토피를 '괴물'이라고 부른다. 그것은 절대로 물러서지 않는 골리앗이다.

첫째는 출산 예정일이 2주나 지나도 세상에 나올 낌새가 보이시 않았다. 의사는 아무래도 아이가 위험할 것 같으니 유도분만을 하자고 했다. 오전 10시에 분만 촉진 링거를 꽂았지만 몇 시간이 지나도 배만 아팠지 자궁 문은 열리지 않았다. 분만실에 들어선 남편은 마치 자기가 죄인이라도 된 듯 어쩔 줄 몰랐다. 겁 많은 남편이 침대 모서리를 잡고 얼마나 기도를 했던지 나중에 간호사가 와서 하는 말.

"혹시 남편분이 전도사님이세요?"

하늘이 노랗다는 표현은 그때 쓰는 말이 맞다. 얼마나 이를 악물고 참았는지 턱관절이 얼얼했다. 나보다 늦게 들어온 산모들도 모두 분만을 하고 나가는데, 나만 감감무소식이었다. 들어오자마자 출산을 하는 사람은 무슨 복이 있어서 저렇게 수월하게 아기를 낳는지 부럽고 또 부러웠다. 창밖이 어두워져 왔다.

"양수가 적은데다, 아기가 태변을 흡입해 폐로 들어가면 위험하니 제왕절개를 해야겠습니다."

아니, 그럴 거면 처음부터 수술을 하자고 하지 아플 것 다 아프고 나서 이제 와 수술을 하자고? 나중에 알고 보니 야간에 수술을 하게 되면 아기에게도 산모에게도 좋지 않을 뿐 아니라 의사들도 번거로우니 의료진들 퇴근 전에 수술을 하자고 했던 것이다. 의식이 희미한 중에도 들려왔던 마취과 의사의 툴툴거리던 한마디.

"가운 갈아입는 중이었는데."

어찌 됐건 그 일은 두고두고 풀리지 않는 억울함이 되어 출산 얘기가 나올 때마다 내가 분노하는 이유다.

그렇게 첫째는 얼굴에 태변을 뒤집어쓰고 태어났다. "으앙" 하고 울음을 터뜨리며, 폐로 호흡을 해 준 것이 그저 감사할 뿐이다. 그래서인지 몰라도 아이는 키우는 내내 아토피로 고생을 했다. 스테로이드 주사를 맞고 연고를 바를 때는 괜찮은 듯하다가 다시 긁기를 반복하는 힘든 싸움, 해 본 사람은 안다.

7년 터울로 태어난 둘째도 아토피 때문에 고생을 했다. 처음엔 좁쌀만 한 불그스름한 것이 몇 개 나기 시작하더니 며칠이 지나자 얼굴 전체를 뒤덮었다. 첫아이의 악몽이 끝나지도 않았는데 또다시 찾아온 아토피는 정말 달갑지 않은 손님이었다. 어느 날은 아이가 자지러지게 울어 자세히 살폈더니 배꼽 아랫부분이 볼록하게 솟아올라 있었다. 황급히 병원에 도착하니 탈장이라고 했다. 정확히 백일이 되던 날, 둘째는 남들이 다 하는 백일잔치 대신에 전신 마취를 하고 수술대에 올라야 했다. 수술 전날, 밤 10시부터는 금식을 해야 했기 때문에 아기는 밤새 배가 고파 울었다. 여러 명이 함께 쓰는 병실이라 폐를 끼칠 수도 없어 아기를 업고 종합병원 복도를 이리 왔다 저리 갔다 하염없이 걸었다. 아이는 울다가 지쳐 잠깐씩 잠이 들었다 깨기를 반복했다. 그 밤이 얼마나 길었던지 지금 생각해도 눈물이 난다.

그래도 동트는 새벽은 왔고, 7시에 시작한 수술이 끝나자 아이는 회복실로 나왔다. 은행잎만 한 산소 호흡기를 입에 댄 채 숨골을 볼록거리며 쌕쌕대는 아이, 눈도 뜨지 못한 채 인큐베이터 유리 상자 안에 있는 아이를 보며 입구에서 간절히 기도하고 있던 우리 부부에게 담당 의사가 툭하고 던진 말.

"저 아기는 탈장이 문제가 아니라 태열이 더 문젭니다."

그도 그럴 것이 아기는 의식 없는 중에도 얼마나 긁었는지 얼굴과 몸 전체에 허연 껍질이 일어나 있었다. 의사나 수술실 간호사가 보기에도 안타까웠는가 보다. 그 정도로 우리 부부는 아이 둘 다 신생아 때부터 아토피로 고생을 했다.

갈수록 힘든 내 아이 키우기

그런데 웬걸, 아이는 키울수록 힘들다는 옛 어른들의 말씀이 100퍼센트 맞았다.

"몰라!" "싫어!" "내가 할 거야!"

두 살 반부터 툭 하면 떼를 쓰고, 좋지 않은 행동을 반복하는 아이의 문제는 '괴물 아토피'보다 더 우리를 지치게 했다. 예닐곱 살 지나면 괜찮으려니 했는데 그것도 아니었다.

"어머니, 넘이가 어제는 학교 청소한다고 못 온다고 하더니 오늘도 학원에 안 왔네요."

오후 6시, 벌써 학원을 마치고 돌아올 시간이 넘었는데 피아노 선생님이 전화를 한 것이다. 어제도 분명히 "엄마, 요즘 재즈 치는 게 재미있어요. 선생님이 잘했다고 아이스크림도 사 주셨어요"라고 눈썹 하나 까딱 않고 얘기했는데, 학원을 이틀이나 가지 않았다니. 지난번에 한 번 그랬을 때 단단히 약속을 받아 놨는데 오늘은 거짓말까지? 절대로 용서할 수 없어. 어디 들어오기만 해 봐.

넘이는 집에서는 비교적 얌전한 아이였다. 엄마가 워킹맘이지만 출근하기 전부터 오셔서 살림을 해 주시던 이웃 할머니 덕에 온갖 사랑을 다 받고 자랐다. 형도 일곱 살 위여서 양보도 많이 하고 동생을 많이 아껴 별다른 어려움이 없었다. 그런데 녀석은 외출을 하거나 집에 손님만 왔다 하면 눈치를 보면서 자주 떼를 썼다. 다른 사람이 있을 때는 야단치지 못한다는 걸 알고 있었기 때문이다.

한번은 장난감을 사려고 마트에 가는 길에 단단히 일렀다.

"미니 변신 로봇 하나만 사는 거다."

어느 때나 유행하는 장난감이 있다. 요즘에는 사람이나 동물 형상의 피규어나 외제차를 본떠 만든 고가의 자동차가 유행이다. 당시엔 접으면 자동차가 되고, 펼치면 로봇이 되는 변신 로봇이 유행이었고 꽤나 비쌌다. 형은 장난감 하나를 골라도 우리 눈치를 보며 갖고 싶은 레고, 그것도 작은 것 하나를 들고 와 "엄마, 이것 하나만 사 주면 안 돼요?"라고 하는데 막내는 전혀 그렇지 않았다. 하고 싶은 건 무조건 해야 하고, 사고 싶은 건 꼭 사야 했다. 아이의 성격을 알고 있기 때문에 마트에 가기 전부터 단단히 다짐을 받아 두는 것이다.

"절대로 떼쓰면 안 된다."

손가락을 걸면서 다짐을 받고 또 받았는데도 막상 가 보면 그게 아니었다. 미니가 아니라 제일 큰 걸 들고 와서 카트 안에 집어넣는다. 그때부터는 막무가내다. 안 된다는 말이 떨어짐과 동시에 바닥에 드러누워 온 동네가 떠나갈 듯 울어댄다. 남편도 나도 평소에 '안 되는 건 안 되는 것'이라며 말은 해 왔지만, 남 보기 민망해서 어쩔 줄을 모른다. 책에서 배운 대로 아이의 눈을 쳐다보며 "안 돼!"라고 말도 해보고, 두 손으로 어깨를 잡고 단호하게 "그만!"이라고 해 보지만 소용없다. 목적이 이루어질 때까지 절대 포기하지 않는다.

"어휴, 저 고집을 누가 꺾어. 그러기에 누가 이름을 신념이라고 지으라고 했나?"

급기야는 이름을 가지고 남편에게 시비를 거는 것으로 마무리되고 만다.

아이가 공공장소에서 떼를 쓰고 말을 듣지 않으면 참으로 난감하다. 부끄러워서 어디라도 숨어 버리고 싶다. 아이 버릇 하나도 못 잡는 부모로 비칠까 봐 얼굴이 벌게진다. 그리고 약속까지 했는데도 말을 듣지 않는 아이를 보면 분노가 치밀어 오른다. 화라도 내야 이 수치와 부끄러움에서 해방될 것 같다. '이 상황은 결코 내가 잘못해서가 아니라는 것'을 남들에게 보여 주고 싶다. 그 심리가 나로 하여금 떼를 쓴 아이한테, 심지어 죄 없는 남편한테까지 화를 내게 한다.

"당신이 평소에 오냐 오냐 하니까 나와서도 저러는 거예요."

그럴 땐 정말 마음이 복잡하다. 그래선 안 되는 줄 아는데, 이미 엎질러진 물이다. 남들은 다 화내지 않고 아이를 잘 기르고 있는데, 유독 나만 그런 것일까?

오늘 나는 당신에게 질문한다.

"당신의 육아는 안녕하십니까?"

이기는 부모

03
아이는 왜 내 말을
듣지 않을까?

　나는 두 아이뿐만이 아니라 수천 명의 아이들을 기르고 학부모 상담을 하는 데 긴 시간을 보냈다. 많은 부모들이 "아이는 왜 내 말을 듣지 않을까요?"라며 하소연한다. 그들도 처음부터 그런 건 아니었을 것이다. 기저귀를 갈 때도 제 아이의 똥은 냄새가 나지 않는다 하는데, 내 아이니까 얼마나 사랑스럽고 예뻤으랴. 내 경우 아이가 자는 곳의 방문만 열어도 한없는 기쁨이 몰려오곤 했다. 이는 부모라면 누구나 가진 본능이다.

　그러나 그렇게 예뻤던 아이도 11개월쯤 지날 때부터 은근슬쩍 고집을 부리기 시작한다. 서너 살쯤부터는 아예 드러눕기까지 하면서 떼를 쓰고 말을 듣지 않는다. 그래서 부모는 또 열심히 〈우리 아이가 달라졌어요〉를 보면서 벤치마킹하고, 부지런히 육아 서적을 읽는다. 모든 것이 케이스 바이 케이스(case by case)라고 하니 내 아이에게 어떤 게 좋을지 생각하며 이런 저런 방법들을 동원해 보는 것이다. 설명도 해 보고, 설득도 하고, 때로는 무시 전략을 쓰기도 한다. 필요하면 응원도 하고, 보상도 해 가면서.

모든 부모들의 고민: 화내지 않고 아이 기르는 것

"이제 화내는 것이 습관이 되어 버렸어요."

"아이가 속 썩일 땐 정말 쥐어박고 싶어요."

아이 담임 앞에서 그런 말이 쉽지 않을 텐데, 래포(rapport, 사람과 사람 사이에 생기는 신뢰 관계)가 깊어지면 어느 학부모 할 것 없이 이런 말을 주저하지 않고 한다. 그러면서 덧붙이는 말.

"선생님 집 아이들은 뭐든지 알아서 잘하지요?"

순간 당황하는 내 표정이 그들에게 읽히지 않았을 리 없다. 내 친구들도 예외가 아니다.

"네가 선생인데 어련히 애들 교육 잘 시키겠나."

천만의 말씀이다. 오죽하면 학군 좋은 곳의 맘 카페에 피해야 할 사람들 중에 '교사'가 올라 있을까. "스님 제 머리 못 깎는다"라는 말처럼 어쩌면 자녀 교육에 관해서 제일 많은 고민거리를 가진 사람이 교사들일 것이다.

아이들은 정말 작정하고 태어난 악당들처럼 하나같이 부모 속을 썩인다. 우리 중의 누군가가 "우리 아이는 한 번도 부모 속을 썩인 적이 없다"거나 "나는 어렸을 때부터 지금까지 한 번도 부모 속을 썩여

이기는 부모

본 적이 없다"라고 한다면 그 사람의 다른 모든 말들도 의심해 봐야한다. 세상에 부모 속을 썩이지 않는, 아니 부모가 원하는 대로 자라는 아이는 한 명도 없다.

어떻게 하면 화내지 않고 아이를 잘 기를 수 있을까?
워싱턴대 사회복지학과 출신 노구치 케이지가 쓴 《부모 트레이닝 가이드북》에 이런 얘기가 나온다.

"화내거나 야단치지 않고 아이를 기르고 싶은 것은 모든 부모의 바람이지만 어느새 화만 내는 자신을 발견하고 자기 혐오감에 빠지게 된다. 이런 부모가 당신뿐만은 아니다. 계속 화내고 야단치다 보면 부모도 제풀에 지치고 만다. 여기에는 체력적인 문제도 있지만, 그보다 심리적인 요인이 더 크다."

맞는 말이다. 모든 부모들은 화내지 않고 아이를 기르고 싶어 한다. 어떤 이는 케이지의 "이런 부모가 당신뿐만은 아니다"라는 문장에 나처럼 감동과 위로를 얻기도 하지만 그것이 '내 아이가 내 말을 듣지 않는다'는 것에 대한 근본적 해결책은 아니다. 문제는 여전히 남아 있고, 화내지 않고 아이를 기르고 싶어 하는 소망은 언제나 우리의 버킷리스트가 되어 있다. 갈망은 큰데 방법이 없다.

한겨울에 반바지를 입고 등교하는 아이

한번은 이런 일이 있었다. 내가 근무했던 학교는 언덕에 있어서 마을에서 한참을 걸어 올라가야 했다. 꽤 추운 12월, 아침 출근길에 차를 몰고 가는데, 우리 반 남학생 한 명이 반바지를 입은 채 걸어가고 있었다. 한여름에 두꺼운 겨울 점퍼를 입거나 한겨울에 여름옷을 입고 다닌다면 아동학대를 의심해 봐야 된다는 교육을 받은 터라 그 순간 '혹시?' 하는 마음이 들었다. 평소에 봐 왔던 아이의 엄마라면 '절대로 그렇게 입혀 보낼 리가 없는데'라는 생각을 하면서 교실에 도착하자마자 조심스럽게 전화를 걸었다.

"현우 어머니, 아이가 오늘 반바지를 입고 오던데……."

내 말이 채 끝나기도 전에 수화기 너머 흥분한 엄마의 목소리가 들려왔다.

"아유, 선생님. 그러잖아도 제가 춥다고 아무리 긴 바지를 입고 가라고 해도 막무가내예요. 점심시간 친구들이랑 축구할 때 갑갑하다고 기어코 한여름 바지를 입고 간다며 고집을 부려 20분 동안 실랑이를 하다 갔어요."

심리학자들에 의하면 아이가 고집을 피우는 것은 아이도 자기가 가진 생각이 옳다는 신념을 가지고 있고, 이제는 나도 어떤 것이든 선택할 수 있다는 걸 부모에게 보여 주려고 일부러 그러는 경우도 있다고 한다. 그렇다고 부모를 애먹이려는 의도는 정말 아니다. 부모 입장에선 한겨울에 반바지를 입고 가면 감기 걸릴 게 뻔한데 기어코

이기는 부모

자기 뜻대로 해 보려고 할 땐 화가 치민다. 그러나 내 아이만 내 말을 듣지 않는 것은 아니다. 주변을 둘러보라. 얼마나 많은 부모들이 이 문제로 고민하고 있는지.

물론 부모 말에 순응하는 아이들도 간혹 있다. 그러면 우리는 "아이가 순해서 정말 좋겠어요"라며 부러워한다. 그런데 그런 부모는 또 "아니에요. 우리 애도 다른 애들처럼 당당하게 자기주장을 좀 했으면 좋겠어요. 그걸 못하니까 맨날 자기 것 다 뺏기고 와서 징징대며 울어요"라고 속상해한다. 세상만사 뜻대로 되지 않는다는 얘기다.

가톨릭대학교 소아청소년과 김영훈 박사는 "아이마다 기질이 다르기 때문에 순한 아이, 그렇지 못한 아이가 있다"라고 한다. 즉, 태어나면서부터 먹고 자는 것이 규칙적인 아이가 있고, 그렇지 않은 아이가 있는 것이다. 또, 새롭고 낯선 것에 쉽게 다가가는 아이가 있는가 하면 익숙하거나 낯익은 것만 좋아하는 아이도 있다. 기질은 잘 변하지 않기 때문에 아이의 기질을 알고 있다면 좀 편안하게 아이를 기를 수 있을 것이다. 앞으로 이것을 공부해 보자. 자신의 아이가 어떤 아이인지 잘 살펴보고 거기에 맞는 양육을 하는 것, 그것이 부모인 우리가 해야 할 일이다.

04
열심히 훈육을 했는데
효과가 없는 이유

　나는 서른이 되던 해에 동갑인 남편과 결혼을 했다. 아이를 빨리 갖고 싶은 마음이 있긴 했지만 엄마가 된다는 것은 한편으로 두려웠다.

　'좋은 부모가 될 수 있을까?'

　늘 이런 생각을 하면서 많은 책들을 읽었다. 그중 여섯 명의 자녀를 모두 하버드대와 예일대에 보낸 전혜성 박사의 글을 읽으며 많은 용기를 얻었다.

　"재주가 덕을 앞지르면 안 된다."

　재능도 길러야 하지만 더 중요한 것은 덕을 갖춘 인재로 키워야 한다는 말에 공감하며 어떻게 하면 그렇게 키울 수 있을지 고민했다.

　'그래, 나도 아이를 낳으면 그렇게 해야지.'

그러나 막상 아이를 낳아 기르다 보니 생각과는 너무도 달랐다. 밤낮이 바뀐 것은 물론이고, 앞서 말한 것처럼 두 아이 모두 아토피로 너무 고생을 했다(이 말을 하는 지금도 피부에 닭살이 돋는 걸 보면 녀석은 진짜 괴물이다). 둘째를 낳고는 휴직을 하고 남편 직장 가까운 곳으로 이사를 갔는데, 철모르는 남편은 점심시간마다 집에 들렀다. 본인 생각에는 집에서 혼자 독박 육아를 하는 마누라가 안쓰러워 도와주려는 마음이었겠지만 나는 매일 점심상까지 차리느라 고생을 했다. 하지만 그 모든 것보다 힘들었던 건 아이들이 성장해 갈수록 우리가 원하는 대로 자라지 않는다는 점이었다. 거기에 가장 큰 역할을 한 것이 나의 무지(無知)였다.

부모의 무지, 아이도 힘들다

우리 아이들은 돌을 전후해서 손에 잡히는 건 무조건 입으로 가져갔다. 장난감은 물론이고 심지어는 몸을 둥글게 말아 두 손으로 엄지발가락을 잡은 채 빨고 있었으니 놀랄 수밖에 없었다. 한번은 둘째가 오줌을 거실 바닥에 싸 놓고 손바닥으로 찰박찰박 소리를 내더니 오줌 묻은 손을 입에 넣고 쩝쩝대며 빨고 있어서 기겁을 한 적도 있다. 싱크대 하단에 넣어 둔 냄비 뚜껑은 언제나 심벌즈 대용이고, 가죽소파 실밥은 언제 뜯었는지 너덜너덜하게 만들어 놓기 일쑤였으며, 세면대는 몇 번이나 치약으로 막아 놓기도 했다. 그때는 정말로 말썽 피우는 것을 역사적 사명으로 알고 태어난 아이들처럼 미운 짓만 골라서 했다. 그럴 때는 정말 욱하고 화가 치밀어 올라 고함을 질렀다.

그랬는데 알고 보니 그 즈음 아이들은 무엇이든 입으로 탐색하는 구강기를 통과하는 중이었고 오감(五感)을 통해서 세상을 알아 가는 과정이었는데, 그때는 몰랐다. 발달 과정에 대해 무지했던 것이다. '인생 최대의 적은 무지'라는 걸 세월이 한참 지난 뒤에야 알았다. 아동 발달과 심리 이해 교과목만 수십 학점을 이수하며 교육대학을 졸업하고, 대학원에서 인지심리학을 공부하고 교육학 석사까지 받은 내가 그걸 몰랐다는 게 말이 되는 것일까? 머리에서 손으로 가지 않는 교육은 참 지식이 아니라는 것은 바로 나 같은 사람을 두고 하는 말이다. 그야말로 이론 따로 아이 키우기 따로였다.

아이는 본능인 것을 부모된 나는 한사코 말린다고 진을 빼고 있었으니 아이도 우리도 정말 힘든 시기를 보내고 있었던 것이다.

경험해 보지 않고 사물에 대해 판단하고 행동하는 건 구체적 조작기를 지나 형식적 조작기에 들어서야 가능한데도 소위 교육 전문가라고 하는 내가 따로 행하고 있었으니 기가 막힐 일이다. 돌아보니 아이들에게 미안할 뿐이다.

열심히 훈육하는데 효과는 없다

그런데 훈육의 문제는 앞에서 말한 무지와는 성격이 좀 다르다. 옳고 그름을 분간하고, 해야 될 일과 하지 말아야 될 일을 구분시켜 주어야 하는 훈육은 아이가 고집을 피워도 단호하게 해야 한다. 하지만 부모나 교사가 열심히 훈육을 하는데도 효과가 없는 경우는 생각보다 꽤 많다.

이기는 부모

한번은 아이들과 함께 미술 수업을 하고 있는데 교감 선생님이 동네 아주머니 한 분과 같이 미술실로 찾아 올라왔다. 누군가 위층에서 담벼락 옆에 세워 둔 승용차에 우유를 던져 보닛이 움푹 들어가고 유리창을 엉망으로 만들었는데 올려다보니 문 열린 교실은 미술실밖에 없어 곧바로 찾아 올라온 것이란다. 이럴 땐 정말 난감하다. 분명히 우리 반이 맞다. 짐작 가는 아이가 있어 살짝 돌아봤더니 고개를 들지 못한다. 지난번에는 금붕어 연못에 돌을 던져 교장 선생님께 혼이 났는데.

"혹시 네가 그랬니?"라고 했더니 변명하지 않는다. 다행이다. 영악한 아이라면 아니라고 도리질을 할 만도 한데.

왜 그랬냐고 물으니 "저는 뭐든지 던지면 기분이 좋아요"라고 했다. 할 말을 잃었다. 그래도 혼자 기분 좋아지려고 다른 사람에게 피해를 주면 안 된다고 타일러 보지만 다음번에 반복하지 않는다고 보장할 수는 없다.

왜 그럴까? 왜 열심히 훈육을 하는데도 효과가 없을까?

저마다의 물길, 결국은 세력이 큰 곳으로 흐른다

모든 부모는 아이들이 훈육을 잘 따라 주기를 바란다. 특별히 습관을 잡아 가는 경우는 고민이 더 많다. 습관 하나를 새롭게 만드는 것보다 이미 익숙해진 행동 패턴을 교정하는 게 훨씬 힘들다. 정신과 의사 하지현이 쓴《엄마의 빈틈이 아이를 키운다》에 보면 아이의 습관을 잡아 가는 것은 물길을 내는 것과 같다고 했다.

어릴 적 우리 집은 마당이 전부 흙이었다. 비라도 내리면 처마 밑으로 들이치는 빗방울이 댓돌과 마루를 적시고, 벗어 놓은 고무신엔 흙탕물이 튀었다. 한번은 분명히 뒤란엔 비가 내리지 않는데, 앞마당에는 어디서부터 떨어졌는지 아버지 손가락만 한 굵은 미꾸라지들이 허연 몸을 뒤집으며 누워 있기도 했다. 아래채 외양간 옆에는 쇠죽을 끓이는 아궁이가 있었다. 그것은 주변보다 약간 솟아 있었고 처마 안쪽으로 들어와 있어서 나는 가끔씩 그 앞에 앉아 마당에 떨어지는 빗방울 보는 걸 좋아했다. 장마철만 되면 아궁이 앞에는 지붕에서 떨어진 많은 물들이 한꺼번에 모여 흙을 쓸어 내려가곤 했는데 가만히 보면 참 신기했다. 처음에 쏟아진 빗줄기는 저마다 여러 물길을 내곤 했는데, 시간이 조금만 지나면 양의 많고 적음에 따라 세력을 합쳐 어느새 하나의 물줄기로 흘러간다. 뒤를 따라 내리는 빗줄기는 어디로 갈까 힘들게 고민하지 않아도 새로 난 물길을 따라 저절로 흘러가게 되어 있다.

습관이란 녀석이 그렇다. 처음엔 여러 가지 행동들이 좌충우돌하지만 고정되고 난 후엔 우리 몸이 기억하고 그 방향으로 가기를 좋아한다. 쉽고 편하기 때문이다. "세 살 버릇 여든까지 간다"는 말은 반복된 행동이 가져오는 관성을 이르는 말이다. 아이가 좋은 습관만 가진다면 얼마나 좋을까? 그렇다면 교육은 필요 없을지도 모른다. 모든 부모나 선생님은 아이에게 자리 잡으려고 하는 나쁜 습관이 고정되기 전에 빨리 바꾸어 주고 싶어 한다. 그러나 말처럼 쉽지 않다.

그렇지만 우리는 아래와 같은 이야기에서 희망을 찾는다. 인디언 노인의 지혜라는 이야기에 나오는 내용이다.

마을의 추장인 노인이 어느 날 손주를 앉혀 놓고 말했다.

"애야. 사람의 마음속에는 착한 늑대와 악한 늑대가 살고 있단다. 이 두 마리 늑대는 늘 싸우지."

"네, 할아버지. 제 마음도 언제나 그래요."

"그래, 너는 이 두 마리 늑대 중에 어떤 늑대가 이길 것 같니?"

"둘 다 늑대니까, 어떤 때는 착한 늑대가, 어떤 때는 악한 늑대가 이길 때도 있겠죠."

할아버지가 빙긋이 웃으면서 말했다.

"지금은 둘 다 힘을 다해 싸우는 것 같지만, 네가 먹이를 준 늑대가 결국에는 이긴단다."

선택은 당신 몫이다

모든 것은 선택이다. 우리가 먹이를 준 그것이 더 크게 자랄 것이고 결국에는 사람을 지배한다. 아이는 아이대로 훈육하는 부모의 말에 순종하든지 순종하지 않든지 자기 선택의 열매를 먹을 것이고, 부모는 부모대로 아이를 키운 결과로 울든지 웃든지 하게 될 것이다.

"정말 열심히 훈육했는데 효과가 없어요."

"옆집 아이는 잘하는 것 같은데 우리 집 애만 안 돼요."

힘들지 않은 육아란 없다. 앞서 말한 전혜성 박사가 힘들지 않고 아이를 길렀을까? 그도 때로는 울기도 했을 것이고, 방법을 찾지 못해 좌충우돌 했을 것이다. 우리가 잊지 말아야 할 것은 '내가 포기하지 않는 한, 내 아이는 반드시 잘될 것이다'라는 확신이다. 이것이 우리를 소망의 항구로 데려다 준다. 반드시 내 아이는 잘될 것이고, 나는 훈육을 잘할 수 있으며, 나는 좋은 부모가 될 수 있다는 믿음. 이것이 자녀를 키우는 우리가 끊임없이 가져야 할 신념이다. 당신은 결국 이길 것이다.

05

날미다 화내는 나는
나쁜 엄마다?

화내고, 후회하고, 또 결심하고

웃는 걸 싫어하는 사람은 없다. 그래서 우리는 남에게도 웃는 모습만 보여 주려고 한다. 페이스북, 트위터, 인스타그램, 카카오스토리에 올리는 모든 사진들은 웃고 있다. 프로필 사진도 웃는 것이어야 하고, 친구들과 찍은 사진도 다른 사람은 다 웃는데 자기 혼자만 찡그리고 있다면 그 사진은 잘못 나온 사진이 되어 휴대폰 갤러리나 모든 공유 앨범에서 지워 버린다. 실제로 웃음은 뇌 호르몬인 도파민이나 세로토닌 분비를 촉진시켜 행복감을 느끼게 하고 우울증을 치료한다. 그래서 부모들은 아이를 키우면서도 웃으며 키우기를 원한다.

그런데 아이러니하게 모든 부모의 고민은 '웃으며 아이 키우는 것이 정상'이라고 생각하는 바로 거기서부터 시작된다. 이는 곧 '아이에게 화를 내는 것은 잘못'이라는 생각으로 이어져 육아 과정에서 화를 내면 스스로를 자책하게 된다. 그래서 또다시 결심한다. '화내지 않는 육아'를 해 보려고.

화내고, 후회하고, 또 다시 결심하고…….

나 역시 이렇게 반복되는 패턴으로 육아를 해 왔는데 정신을 차리고 보니 아이들은 벌써 대학생이 되고 고등학생이 되어 버렸다. 같은 행동을 해도 다른 집 아이가 하거나 우리 학급 아이가 하는 건 용납이 되는데 내 아이가 하는 건 참지 못해 화를 냈다. 상황을 객관화시키는 게 되지 않았던 것이다.

이 아이는 내 아이가 아니다

이어령의 《지성에서 영성으로》에 보면 이런 이야기가 나온다.

하나님께서 아기 천사에게 지상으로 내려가라고 명하시니, 어린 천사가 겁에 질려 "하나님, 사람들이 사는 지상에는 도둑도 많고, 위험한 차도 많이 다니고, 전쟁도 있다는데, 제가 어떻게 인간이 사는 땅에 내려가 살 수 있겠습니까?"

그러자 하나님은 "너는 혼자가 아니다. 너에게는 항상 너를 지켜 주는 수호천사가 너를 기다리고 있을 것이다"라고 응답하셨다.

그런데 벌써 아기 천사는 하늘에서 땅으로 떨어지고 있었고, 하나님을 다급하게 부르면서 이렇게 소리쳤다.

"하나님! 수호천사의 이름을 가르쳐 주셔야 만날 수 있지요."

하나님은 크게 웃으시면서 말씀하신다.

"너의 수호천사 이름은 '어머니'라고 부른단다."

내 아이로 생각하며 길렀는데 알고 보니 내 아이가 아니다. 하늘이 내게 잠시 맡긴 천사다. 대상을 이렇게 객관화해서 볼 수 있다면 화내지 않는 것이 가능할 텐데 그게 잘 되지 않는다.

한번은 스리랑카 선교사와 식사를 한 적이 있다. 커다란 방에 여러 아이들과 부모들이 함께 둘러앉아 밥을 먹고 있는데, 선교사의 다섯 살짜리 아이가 물컵을 쏟아 자기 옷은 물론이고 아빠의 바지도 젖어 버렸다. 순간 아이의 표정도 일그러졌다. 흔히 있는 일이다.

나라면 분명히 이렇게 아이를 다그치고 야단쳤을 것이다.

"엄마가 그렇게 하면 안 된다 그랬지?"라든가 "조심하지 않고"라든가.

그런데 선교사님은 얼른 화장지를 뽑아 물 묻은 아이의 옷을 닦아 주면서 이렇게 말했다.

"얘야, 물을 쏟으면 이렇게 좀 귀찮은 일이 생긴단다."

울먹이던 아이의 표정이 금세 환하게 밝아졌다. 그러면서 자기도 화장지를 뽑아 식탁 위에 있는 접시들을 이리저리 비켜 가며 한참을 닦았다.

"아빠, 쏟기는 쉬운데, 닦는 건 정말 힘들어요."

그 후로도 오랫동안 나는 그날의 충격을 잊을 수가 없었다.

화가 나지 않는 부모는 없다. 20분이면 끝낼 숙제를 이 핑계 저 핑계대면서 늑장을 부리면 누구나 화가 난다. 엄마 없을 땐 데리고 오지 말라고 분명히 일렀는데도 벌떼같이 친구들을 데려와 침대 위에서 뛰노는 상황에서 화난 표정을 감추는 건 정말 어렵다. 설령 감추는 데 성공한다 해도 그것은 나의 표리부동(表裏不同)함을 보여 주는 것일 뿐 속에서 부아가 치밀어 오르는 건 어쩔 수가 없다.

화내지 않는 부모의 첫출발: 객관적 자기 보기

베스트셀러 작가이자 강연가로 매일 50만 명 이상이 방문하는 블로그를 운영하는 미국의 리사 터커스트는 이렇게 말한다.

"화내지 않는 엄마는 없다."

우리나라에도 2014년에 번역된 리사 터커스트의 책에는 사람들이 이성을 잃었을 때 보이는 반응을 네 가지로 분석하고 있다.

첫째, 감정을 폭발시키면서 스스로 수치심을 느끼는 유형

둘째, 감정을 폭발시키면서 타인을 비난하는 유형

셋째, 감정을 억누르면서 장벽을 쌓는 유형

넷째, 감정을 억누르면서 보복을 위한 돌을 쌓는 유형

책에는 자신이 어떤 유형이냐에 따라 대처하는 요령이 적혀 있는데, 때에 따라 네 가지 유형 모두를 나타낼 수도 있다고 한다. 핵심은 우리 모두는 사람인 이상 화내지 않고 살아갈 수는 없으며 화내지 않고 아이를 기르는 사람은 한 명도 없다는 것이다.

이쯤 되면 우리도 스스로를 다시 바라볼 필요가 있다. 이런 것을

이기는 부모

'객관적 자기 보기'라고 한다. 마치 타인이 나를 보는 것처럼 내 자아를 좀 멀리 떨어진 상태에서 인식하는 것이다.

"엄마는 정말 자존심이 세다."

인정하기 싫었지만 과거에 우리 아이들이 자주 나에게 했던 말이다. 그런 얘기를 하게 된 데는 사연이 있다.

지금은 열기가 식었긴 해도 큰아이가 초등학생 무렵에는 장단기 해외 어학연수가 유행이었다. 중소도시인데도 한 반에 대여섯 명 정도는 방학을 이용해 단기 연수를 다녀왔다. 지인 중에는 아이를 현지 가이드에게 맡기고 매달 고액의 비용을 지불해 가며 몇 년씩 유학을 시키는 분도 있었다. 그때는 남편도 꽤 수입이 많은 편이어서 그 정도야 나도 할 수 있다는 오기(정말 오기로밖에는 다른 표현을 할 길이 없다)로 아이를 외국으로 보냈다. 아이가 어떤 생각을 가지고 있는지, 어떤 성향의 아이인지도 전혀 파악하지 못한 채 무조건 보내면 되겠지 하는 생각으로 짐을 꾸려 덜컥 보냈던 것이다.

차마 인정하기 싫었지만 결과는 대실패였다. 아이는 그곳에서 가방을 챙기는 것에서부터 교복을 입고 등교를 하는 모든 과정까지 챙겨 주는 사람이 있어서 어떤 것도 스스로 해야 할 필요를 느끼지 못했다. 그런 생활은 아이로 하여금 통제 없이 지내는 것에 익숙해지게 만들어 1년 뒤 집으로 왔을 때 부모의 모든 말을 간섭으로 생각해 사춘기를 힘들게 보내게 된 단초가 됐다. 그뿐 아니라 아토피는 관리되지 못해 악화돼 있었고, 외국어 성적도 기대에 미치지 못했다. 어학

연수 얘기만 나오면 아이는 "엄마는 그때 내 의견을 물어보지도 않고 무조건 보내서 내 인생이 꼬였어요"라고 하니 할 말이 없다. 그래도 자존심에 한마디 하곤 했다.

"너도 부모가 돼 봐라. 다 너 잘되라고 한 것이다."

그러면 아들은 꼭 다음 말로 응수를 한다.

"엄마는 절대 자신의 잘못을 인정하지 않아."

그런데 어떤 일이 계기가 되었는지는 정확히 기억나지 않지만 어쩔 수 없이 인정해야 하는 순간이 왔다. 아마 감정 치유 연수를 받을 때였던 것 같다.

"그래, 아들. 엄마는 정말 자존심이 강한 사람이야."

이것을 인정하는 순간, 거짓말같이 모든 것이 변했다. 알 수 없는 기쁨과 감동이 몰려왔고, 한없이 눈물이 났다. 상황이 변한 게 아니라 '내가 그런 사람이다'라고 인정한 것밖에 없는데, 내 안의 자아가 나를 용납하기 시작했던 것이다.

그렇다. 육아를 하면서 화가 나는 건 누구에게나 당연한 일이다. 일찌감치 포기하자. 그런 사람은 없다고 하지 않는가. 그러니 '화내지 않는 육아가 좋다'고 하는 비현실적 기대 때문에 스스로를 누르고 자책할 필요는 없다. 화내지 않는다고 좋은 부모는 아니다.

예수님도 때로는 화를 내셨다.

06
아이들은 왜 "싫어, 안 해,
내가 할 거야"부터 배울까?

3학년 아이들을 담임할 때였다. 무엇을 시켜도 "싫어요, 안 해요, 제가 왜 해야 돼요?"를 녹음기처럼 입에 달고 있는 남학생이 있었다. 책을 꺼내라고 해도, 필기를 하라고 해도, 책상 위를 치우라고 해도 전혀 말을 듣지 않았다. 열 살인데도 아직 유아사춘기에서 시작된 '싫어병'을 앓고 있었던 것이다. 곧 진짜 사춘기가 다가오는데 부모의 고민은 이만저만이 아니었다.

똑같이 "싫어"라고 해도 뜻이 다르다

보통의 아이들은 생후 13개월부터 떼를 쓰고 고집을 피우기 시작한다. 이쯤부터 부모와의 본격적인 힘겨루기가 시작되어 육아는 힘들어진다. 아이들이 언어 표현을 본격적으로 시작하는 만 2세경부터는 이상하리만큼 '싫어, 안 해, 몰라' 등의 부정적 표현을 먼저 한다.

그러나 똑같은 부정 표현이라 해도 발달 과정에 따라 의미가 다르다. 즉, 두 살짜리가 하는 "싫어"는 그 의미를 전혀 모르고 사용하는 경우가 있다. 앵무새가 단어의 의미도 모르고 인간의 언어를 따라 하는 것과 같이 아이들도 그런 단계를 지난다. 예를 들어 초등학교에 다니는 누나의 키가 작은 것이 염려된 엄마가 먹기 싫은 우유를 억지로 먹이려고 할 때 늘 누나가 "싫어"라고 반응했다면 아이는 그 단어의 의미를 제대로 알지 못한 채 "엄마가 우유줄까?" 하면 "싫어"라고 할 수도 있다. 이 때 만일 우유를 먹고 싶은데 엄마가 주지 않는다면 고개를 갸웃거린다. 아이는 그냥 '싫어'라는 한 가지 새로운 단어를 사용했을 뿐이지 그것이 부정적 의미를 나타내고 어떤 것을 거부할 때 쓰는 표현인지 모르고 사용했을 수도 있다는 뜻이다.

그에 비해 서너 살이 되어서의 "싫어"는 의지의 표현이다. 자아 정체성이 강해지면서 '좋아하는 것과 싫어하는 것'이 분명해지는 시기이기 때문이다.

우리 집은 아이들이 어렸을 때 TV가 없었다. 그때는 복도식 아파트라 여름이면 이웃 엄마들과 문을 열어 놓고 네 집, 내 집 할 것 없이 지냈다. 큰 아이는 옆집에만 가면 오지 않으려고 했다. 좋아하는 만화영화를 끝까지 보고 싶었기 때문이다. 어떤 날은 꾸벅꾸벅 졸면서도 내가 집으로 가자고 하면 "싫어!"라고 했다. 이때의 "싫어"는 집에 가기 싫다는 분명한 자기 의지의 표현이다.

그러나 좀 더 철이 들면서 사용하는 "싫어"는 일방적인 엄마의 의

이기는 부모

사 결정에 대한 '반항'으로 나오는 것이다. 예를 들면 엄마가 피아노 학원에 등록을 해 놨기 때문에 가야 한다고 이야기하면 아이는 단호하게 말한다.

"왜 엄마 마음대로 결정을 다 해 놓고 저보고 가라고 하세요? 저는 싫어요."

이는 억지로 하라고 얘기하는 것에 대한 명백한 거부로, 부모의 입장에서 볼 때는 반항이다.

위의 세 가지 경우 중에 어떤 것에 해당되더라도 아이가 "싫어"라는 부정적인 대답을 하면 부모는 견디기 힘들다. 엄마라면 그 감정 가운데 상당 부분 '내가 열 달 동안 너를 어떻게 품었고, 어떻게 낳아 길렀는데'가 숨어 있을 수 있다. 아빠의 경우는 '내가 아버지인데, 감히?'라든가, '이 어린 것이 어떻게?'라는 배신감 같은 것이 자리하고 있기도 한다. 감정의 기저가 어떤 것이든 모든 부모는 아이들의 "안 해, 싫어, 내 맘대로 할 거야"라는 말에 알레르기 반응을 한다. 그래서 화를 내고, 여러 가지 훈육을 시도해 보는 것이다.

성장통이 있어야 아이가 자란다

일찍 찾아온 아이의 사춘기 때문에 상담을 하는 학부모들이 있다.

"말끝마다 '싫어요', '내가 왜 그래야 돼요?'라고 하는데 정말 미치겠어요."

"우리 애는 말만 하면 방문을 쾅 하고 닫아 버려요."

"눈 똑바로 뜨면서 노려볼 땐 내 자식 맞나 하는 생각까지 들어요."

그럴 때 내가 늘 되묻는 질문이 있다.

"그러면 아이가 엄마 시키는 대로만 하는 어린 아기로 남아 있으면 좋겠어요?"

그 말에는 아무도 동의하지 않는다. 성장 과정에는 반드시 성장통이 따르기 마련이다. 누구나 어릴 때 한 번쯤 다리가 아파서 울었던 기억이 있을 것이다. 자식이 한둘뿐인 집 부모는 무슨 큰 병이라도 걸렸나 하며 병원을 찾았겠지만 나처럼 언니 오빠가 여섯이나 우글거리는(?) 집에서 자란 아이들은 그만한 일로 병원을 가는 일은 아예 없다.

"다 크려고 그러는 거다."

아파서 엉엉 우는데, 이 말 한마디면 끝이다. 어느새 아이를 키우는 부모가 되고 보니 우리 부모님이 명의(名醫) 중의 명의였다. 호들갑 떨면서 병원에 가지 않아도 어느새 통증은 사라지고 키는 쑥쑥 크지 않던가. 마찬가지로 아이의 '싫어, 안 해, 내가 할 거야'라는 반응도 모두가 겪는 성장통쯤으로 이해한다면 우리에겐 자유가 임한다. 화낼 이유 하나가 저절로 사라지는 것이다.

뭐든지 자기 맘대로 하려는 아이 때문에 화가 나는 경우가 대부분이지만, 그 반대의 경우도 있다. 아무것도 결정하지 못하는 아이도 답답하기는 마찬가지다. 지금 가르치고 있는 2학년 아이 중에는 무엇이든지 와서 묻는 여학생이 있다. 그 질문의 범위가 수업 내용에 관한 것이거나 정말 선생님의 판단이 필요한 거면 칭찬할 만하다. 질문을 많이 하는 건 좋은 일이니까. 그런데 아래와 같은 상황이라면 이야기가 좀 다르다.

쉬는 시간 종을 치고 저마다 아이들이 화장실을 가거나 다음 시간 책을 꺼내고, 짬을 내어 친구들과 놀고 있는데 그 아이는 꼭 나에게 와서 묻는다.

"선생님, 화장실 가도 돼요?"

"선생님, 물 마시러 가도 돼요?"

"선생님, 우유 마셔도 돼요?"

쉬는 시간은 화장실도 가고, 우유도 마시고, 다음 시간 책을 꺼내 놓고, 친구들과 놀기도 하는 시간이라는 걸 아이도 알고 있다. 1학년 때부터 선생님들은 국어, 수학 등의 과목 공부보다 학교에 등교하면 서랍 속은 어떻게 정리하고, 수업 준비는 어떻게 하고, 쉬는 시간은 어떻게 하라고 입이 아프도록 반복해서 교육을 한다. 극한 직업에 초등학교 1학년 담임이 선정되었다는 건 이제 이야깃거리도 아니다. 그만큼 했는데도 또 묻는다. 그것도 쉬는 시간마다.

학교에서만 그럴까? 절대 아니다. 워킹맘인 엄마가 설거지를 마쳐 놓고 모처럼 소파에 앉아 좀 쉬려고 하면 "엄마, 물 마셔도 돼?", "엄마, 나 이거 해도 돼?", "저거 해도 돼?"라고 질문한다. 제발 좀 스스로 했으면 좋겠는데. 심지어 "오줌 누러 가도 돼?"라고 물을 땐 화가 머리끝까지 치솟는다. 아이들은 왜 그렇게 귀찮으리만큼 물을까?

생각을 바꾸면 감사가 된다

이처럼 아이가 자기 맘대로 하겠다고 떼를 써도 힘들고, 또 그 반대의 경우여도 화가 난다. 이 경우 관점을 한번 바꾸어 보면 어떨까? 아이가 "싫어, 안 해, 내가 할 거야"라고 한다면 독립심이 커 가는 증거라고 생각하고, 혹 아이가 "엄마, 이거 해도 돼요?"라고 물어 온다면 '우리 엄마라면 이 상황에서 가장 좋은 결정을 내려 주실 거야'라는 신뢰를 나에게 보여 주는 것이라고 믿어 보자. 그러면 불쑥불쑥 치미는 '원시적인 화'라는 감정에서 자유로워질 것이다.

07
육아 갈등으로
나빠지는 부부 사이

이혼 법정에 함께 서 있는 부부에게 판사가 물었다.

"헤어지려는 이유가 무엇입니까?"

아내가 말했다.

"판사님, 저희 친정에서는 감자를 소금에 찍어 먹는데, 남편은 자꾸 설탕에 찍어 먹어야 된다고 합니다."

남편이 말했다.

"판사님, 저도 억울합니다. 저는 어렸을 때부터 설탕에 찍어 먹어서 그게 맛있는데, 이 사람은 소금에 찍어 먹어야 몸에 좋다고 하니 미칠 노릇입니다. 먹는 것도 제 맘대로 못하나요?"

판사가 물끄러미 두 사람을 바라보자 여자가 물었다.

"근데, 판사님은 어디에 찍어 먹습니까?"

"저요? 저는 마요네즈에 찍어 먹는데요."

감자를 어디다 찍어 먹느냐는 이유로 이혼 법정에까지 갔다는 이야기는 누군가가 부부 간의 성장 과정에 의한 차이를 좀 더 극명하게 드러내기 위해 꾸며 낸 허구일 것이다.

아이가 자지 않으면 집에 안 들어가려는 남편

함께 아이를 양육하는 부부 사이에서 위와 같은 종류의 갈등은 심심찮게 본다. 아이를 잘 기르려면 서로의 협조가 필수적인데 현실은 그렇지 못하다. 아내가 전업주부라면 남편의 입장에서 볼 때 종일 직장 일에 시달리느라 몸도 마음도 지쳐 있는데 아이를 씻기고 먹이는 정도는 아내가 알아서 해 줬으면 한다. 내가 아는 분의 아들은 아이가 태어난 후부터는 퇴근할 때마다 "애 좀 재워라"라며 집에 전화를 건다고 한다. 그렇지 않으면 어떤 핑계를 대서라도 아예 집에 늦게 들어가려 한다고 하니 마냥 웃을 일만은 아니다.

그렇지만 아내도 집에서 쉬고 있는 건 아니다. 매일같이 우는 아이 달래고, 빨래며 청소며 집안일을 하고, 아이의 먹거리를 챙기는 것은 보통 일이 아니다. 이렇게 '독박 육아'에 지쳐 있는데 남편이 "집에서 놀며 애 하나 제대로 못 보고"라는 말을 할 때는 정말 서운하다. 워킹맘이라면 더 말할 것도 없고.

백 번 양보하여 그런 정도의 갈등은 있을 수 있다고 치자. 그런데 아이의 버릇을 고치거나 훈육을 하는 문제에 있어서 부부 사이에 생각 차이가 날 때는 정말 마음이 힘들다. 분명히 아이가 잘못해서 엄마가 야단을 치고 있는데 "그러니까 애지"라며 아이 듣는 데서 '착한 아빠 코스프레'를 하면 아이보다는 오히려 남편에게 화가 날 때가 더 많다. 그때부터 훈육하는 방식을 두고 한바탕 설전이 벌어진다.

"당신이 늘 그러니까 아이가 자꾸 버릇이 없어지는 거예요."

엉뚱하게 아이를 훈육하는 문제가 부부 싸움으로 번져 그때부터는 서로 말도 하지 않는다. 양육하는 방식을 두고 생각이 맞지 않아 하루, 이틀, 심지어는 일주일씩 소 닭 보듯 냉랭하게 지내는 사람들이 생각보다 많다. 남의 얘기가 아니라 우리 집 얘기다.

심지어 어떤 분은 아이가 공부를 못하는 걸 두고 '제대로 교육 못시킨 마누라 탓'이라며 별거를 하기도 했다. 교육을 엄마 혼자만 하는 것도 아니고, 더군다나 아무리 제대로 훈육을 한다고 해도 아이가 따라주지 않으면 어쩔 수 없는 것인데 그걸 마누라 탓으로 돌리다니.

함께 가는 부모의 길, 행복한 아이는 거기서 자란다

법륜 스님이 쓴《엄마 수업》이라는 책에는 이런 얘기가 나온다.

"아이가 세 살 때까지는 아이를 우선으로 해야 합니다. 그 이후에는 배우자를 먼저 생각하는 것이 아이에게도 좋습니다. 어떤 일이 있어도 남편은 아내를, 아내는 남편을 우선으로 하고, 아이는 이차적으로 생각하는 것이 좋아요. 남편이 다른 지역으로 전근을 가면 무조건 따라가야 합니다. 아이의 학교 문제를 생각해서 남편과 아내가 따로 살기도 하는데 결과적으로 아이에게 도움이 되지 않습니다. 남편은 아내를, 아내는 남편을 중심에 놓고 세상을 살면 아이는 전학을 열 번 가도 아무런 문제없이 잘 큽니다. 그런데 가정에서 애를 중심에 놓고 오냐오냐 하면서 부부가 헤어지고 갈라지면 애한테 아무리 잘해 줘도 결국 아이는 망가집니다. 아이는 다른 것보다 가정이 화목한가 아닌가에 가장 크게 영향을 받기 때문이에요."

머리로는 안다. 부부가 화목한 것이 아이의 정신 건강과 자존감을 높여 주고, 나중에 성장해서도 '결혼 생활은 우리 부모님처럼 하는 거야'라는 모델링이 된다는 점에서 긍정적이다. 그런데 실천이 잘 되지 않는다. 더군다나 훈육 방식에 있어서 생각의 차이를 좁혀 가는 일은 결코 쉽지 않다. 남편은 남편대로 성장 배경이 있고, 나는 나대로의 성장 역사와 배워 온 지식들이 있기 때문이다. 화내지 않고 아이를 키우기도 힘든데, 육아 때문에 부부 사이가 나빠지는 것은 우리를 더욱 더 힘들게 한다.

막내가 5학년 때의 일이다. 한창 또래 친구들과 온 동네를 헤집고 다니면서 말썽을 부릴 때였다.

"우주아파트 앞 고물상에 종이나 쇠붙이를 가지고 가면 돈을 줘요."

처음에는 흘려들었는데, 며칠 뒤 아이의 입에서 툭 튀어 나온 말에 심장이 쿵 하고 내려앉았다.

"엄마, 오늘은 쇳덩어리 하나 갖다 줬더니 고물상 아저씨가 오천 원을 줬어요. 그래서 아이들이랑 아이스크림 사 먹었어요."

이기는 부모

"아니, 쇳덩어리가 어디 있었기에?"

"학교 분리 수거통에요."

세상에. 어떻게 학교 재활용 분리 수거통에 있는 것을 고물상에 갖다 줄 생각을 했을까? 너무 놀라서 아이를 야단치고 있는데, 퇴근해서 돌아온 남편이 전후 사정을 듣고 하는 말.

"애들 때는 다 그렇게 장난도 치고 하는 거야. 아빠도 옛날에 큰고모랑 집에 있는 프라이팬 갖다 주고 엿 바꿔 먹은 적 있다. 괜찮아."

기가 막힐 노릇이다. 물론 남편의 말이 학교 분리 수거통에 있는 걸 고물상에 갖다 준 행동을 괜찮다고 한 건 아닐 것이다. 그렇지만 아주 따끔하게 혼을 내야 할 상황에도 '애들 때는 다 그렇게 장난치며 크는 것이다' 하면서 수용적 반응을 보이면 자신은 좋은 아버지가 되고, 나는 나쁜 엄마가 되고 만다. 그날 우리는 아이의 양육 방식을 두고 설전을 벌였고, 나는 엉뚱하게 "설거지 당신이 하세요"로 맞서 남편에게 복수 아닌 복수를 했다.

"니 엄마 성질부리는 거 봐라. 아들아, 아빠가 설거지할 테니 식탁 좀 닦아라."

"네, 아빠."

아이의 하이톤에 겹쳐 들리는 남편의 넉넉한 웃음이 나를 더 약 오르게 했다. '내가 너무 속 좁은 엄마인가? 그럴 때는 따끔하게 혼내는 것이 맞는 것 같은데.' 두고두고 고민되는 하루였다. 부부가 갈등 없이, 함께 일관성을 가지고 육아할 수 있는 방법은 없을까?

08
육아가
가장 힘들어요

부모라면 누구나 화내지 않고 아이를 기르고 싶어 한다. 하지만 모든 사람에게는 감정이라는 생명체가 있기 때문에 화내지 않는 것보다 하늘의 별을 따 오는 게 더 쉽다. 그러나 화난다고 해서 아이를 향해 계속 야단을 치다 보면 부모도 지친다. 일과 육아를 병행해야 하는 엄마라면 체력적으로도 힘들다.

소리 없는 아우성,
이 힘든 육아에서 날 좀 구해 주세요

요즘은 많은 사람들이 육아 휴직을 한다. 나 역시 큰아이를 낳고 석 달을 집에서 쉬었다. 그것도 공무원이라는 혜택이 있어서 3개월이었다. 당시는 육아 휴직이라는 제도도 없었을 뿐 아니라 지금처럼 휴직 기간에 급여를 받는다는 것은 상상도 할 수 없었다. 만일 육아를 하겠다고 결정한다면 사표를 쓰는 방법 외에는 대안이 없었다. 하지만 그때는 사표를 낼 처지도 아니었다.

첫아이를 낳고 나는 시댁으로 들어갔다. 당시 우리는 주말 부부였고, 아이를 맡길 곳도 마땅치 않아 다른 선택을 할 수가 없었다. 금요일이 되면 남편은 너덧 시간 버스를 타고 파김치가 되어 집으로 왔는데 그런 남편을 내가 기다린 이유는 단 한 가지. 밤에 아이가 깨어서 울면 말없이 일어나 분유를 타 줄 수 있는 유일한 사람이었기 때문이다.

낮밤이 바뀐 아이는 밤새 칭얼댔고, 열이라도 나면 업고 달래야 했기 때문에 언제나 눈은 충혈되고 육아는 그야말로 전쟁이었다. 날이 새 아이를 시어머니께 맡기고 직장에 가는 게 오히려 더 기다려졌다. 학교는 아이들이 수십 명(당시는 한 반에 오십 명 정도의 아이들이 있었다)이나 되어도 말귀 알아듣고 시키는 대로 따라 주니 정말 좋았다. 그때는 아이들은 많고 교실은 모자랄 때라 오전반, 오후반 나누어 수업을 했었는데, 오전반 공부가 끝나면 보건실에 가서 피곤한 몸을 쉴 수 있었다.

분명히 수십 명 아이를 돌보는 일이 절대로 쉽지 않았을 텐데 그때는 그게 더 수월하게 느껴졌다고 하면 어떤 이는 나를 보고 "너는 선생이 천직이다"라고 한다. 그러나 아무리 천직이라고 해도 오죽하면 제 아이 한 명 기르는 것보다 수십 명을 기르는 게 편했으랴. 그만큼 제 아이 키우기는 정말 힘들다. 그래서 나는 지금도 육아하는 엄마들의 소리 없는 아우성을 듣는다. '이 힘든 육아에서 나 좀 구해 주세요!'

선생님, 저는 나쁜 아빠입니다

아이를 재우고, 입히고, 먹이는 문제만 힘들면 그래도 견딜 만하다. 그것보다는 좋은 부모가 되어야 한다는 의무감이 짓누를 때 나는 더 힘들고 낙심되었다. 아이를 키우는 부모들의 이런 좌절은 보통 심리적인 문제일 경우가 많다. 먼저는 아이의 버릇 하나도 제대로 고치지 못하는 스스로가 무력하게 느껴져서이고, 다음으로는 그다지 분노하지 않아도 될 상황에 욱하고 화를 내면 죄책감이 짓누르기 때문이다.

"아이가 어떻게 할 때 화가 나십니까? 그럴 때 아이에게 어떻게 대하십니까?"

학부모들에게 이런 설문을 해 본 적이 있다.

그때 한 아버지가 써 놓은 글을 나는 아직도 잊지 못한다.

"저는 아이가 거짓말을 하거나 제 말을 즉시 행동으로 옮기지 않을 때 화가 납니다. '이 조그만 녀석이 감히 아빠가 말하는데'라는 생각이 들어 화가 나 아이를 윽박지르기도 하고 때리기도 합니다. 한편으로는 '그러니까 애지'라는 생각이 들어 후회하기도 하지만 그때는 이미 아이 앞에서 호랑이같이 화를 내고 난 이후입니다. 저는 나쁜 아빠입니다."

성우는 정말 모범적인 아이다. 아침 일찍 땀을 뻘뻘 흘리며 교실로 들어와 햇살 같은 얼굴로 인사를 하고 가방 안에서 책을 꺼내 시간표대로 서랍 정리를 한다. 그 다음엔 자리에 앉아 독서를 하면서 필사 노트도 쓰고, 숙제는 언제나 빠짐없이 잘해 오고 받아쓰기도 만점을 받는 아이. 오죽했으면 1학년 담임이 "성우는 버릴 것이 없는 아이예요"라고 했을까. 그런 아이가 아빠의 속을 뒤집는 행동을 한다는 게 나는 이해가 되지 않았다. 더군다나 공개 수업 후 상담 시간에 만나본 아버지는 정말 인상 좋아 보였는데…….

화내지 않는 부모가 곧 좋은 부모는 아니다

'좋은 부모'가 된다는 것은 정말 힘들다. 그런데 좋은 부모가 과연 화내지 않는 부모만을 말하는 것일까?

오래 전에 읽었던 '소년과 물새알'이라는 이야기가 생각난다.

바닷가에 사는 소년이 있었다. 소년은 친구들과 함께 모래로 두꺼비집을 짓기도 하고 밀려오는 파도에 잘박잘박 발을 담그며 먼바다를 보고 꿈을 키우기도 했다. 어느 날 소년은 우연히 물새알 하나를 주워 어머니께 갖다 주었다. 어머니는 아주 기뻐하며 요리를 해 주셨다. 다음 날 아이는 어머니를 기쁘게 해 드리기 위해 하루 종일 바닷가를 헤매며 물새알을 찾았지만 보이지 않았다. 실망하며 집으로 돌아오고 있는데 이웃집 닭이 울타리 밑에 알을 낳는 것을 보았다. 아이는 몰래 그 달걀을 훔쳐서 어머니께 드렸다. 그랬더니 이번에도 어머니가 좋아하셨다. 다음부터 아이는 다른 사람들의 물건을 훔치기 시작했다. 나중에는 전문적인 도둑이 되었고, 어느 날은 남의 집에 들어갔다가 사람을 죽이고 말았다. 결국 그는 사형수가 되었고, 사형이 집행되기 전날 어머니가 아들을 만나러 왔다. 간수를 비롯한 모든 교도소 관계자들은 흔히 그런 상황에서 보아 왔던 장면을 예상하고 눈가에 이슬이 먼저 맺혔다.

'어머니 못난 아들을 용서해 주십시오.'

하지만 다음 순간 지켜보던 모든 사람들이 일제히 자리에서 일어났다.

포승줄에 묶여 면회실에 들어온 아들은 머리 허연 엄마를 한참 동안 가만히 쳐다보더니 곧바로 달려가 귀를 물어 버렸다. 놀란 교도관들이 흥분한 아들을 제압하고, 소리치며 울부짖는 아들을 가까스로 진정시켰다.

"내가 물새알이 아닌 남의 집 달걀을 훔쳐 왔을 때 당신이 호되게 야단만 쳤어도 오늘 내가 여기까지 오지는 않았을 텐데."

아이가 식당에서 뛰어다니며 다른 사람에게 해를 주고, 흙놀이를 한 후 씻지 않고 벌러덩 소파에 눕는다면 당연히 야단치고 그런 버릇은 고쳐 주어야 한다. 그런 부모가 제대로 된 부모고 좋은 부모다.

'화내지 않는 부모가 곧 좋은 부모'라는 고정관념에서 한 걸음 물러나자. 그런 육아는 절대 어렵지도 않고 힘들지도 않다. 당신은 할수 있다.

2장

화내지 않는 육아,
엄마에게 달렸다

01
화내지 않는 육아,
엄마에게 달렸다

    30년 넘게 하버드대학에서 문제 행동을 하는 아이들과 가족들에 대한 상담과 치료를 하고, 현재는 버지니아 공대 심리학과 교수로 재직 중인 로즈 그린 박사는 자신의 저서《엄마가 몰라서 미안해》에서 아래와 같이 말한다.

    "아이들이 문제 행동을 일으킬 때, 대부분의 부모들은 아이의 문제 행동에만 집중하여 그 행동을 관리하는 데만 신경을 씁니다. 아이의 문제 행동은 부모의 관심을 얻기 위함이고 자신의 욕구를 충족시키기 위함이라고 생각하는 것이죠. 이러한 생각은 이미 일어난 문제 행동을 부모의 입맛에 맞게 통제하고 관리하려는 태도입니다. 그러나 그 방식은 아이의 문제 행동에 대한 근본적인 해결책이 될 수 없습니다."

그린 박사의 말처럼 아이가 부모의 말을 듣지 않고 떼를 쓰거나 소리를 지른다면 절대로 일부러 그러는 것이 아니다. 스스로의 능력으로는 그 문제 상황을 해결할 수 없기 때문에 그런 행동을 하는 것이다. 즉, '안 하는 것이 아니라 못하는 것'이다.

아이는 안 하는 것이 아니라 못하는 것이다

문제 행동을 아이의 관점과 엄마의 관점에서 한번 생각해 보자. 예를 들어 이제 막 48개월 지난 아이가 조금 전에 나가 놀자고 해서 실컷 놀고 왔는데 집에 오자마자 또 나가자고 떼를 쓴다면 엄마인 당신은 어떻게 반응하는가?

"방금 나갔다 들어왔는데 또 나가자고? 안 돼."

"싫어, 또 놀고 싶단 말이야."

"안 돼. 엄마 피곤해."

"엄마 피곤해? 그럼 나 혼자 나가서 놀면 되지?"

"안 돼. 한글나라 공부도 해야 되고."

"좀 전에는 엄마가 피곤해서 안 된다더니 이번에는 공부 때문에 안된다는 거야? 엄마는 왜 자꾸 말이 달라?"

아이도 지지 않고 꼬치꼬치 엄마 말에 따지고 든다.

"엄마가 그렇게 말하는데 못 알아들어? 절대 안 돼. 나갈 수 없어."

"치, 엄마는 맨날 자기 맘대로야."

그러고는 방문을 쾅! 하고 닫아 버린다면?

아이는 이제 겨우 48개월, 매일의 상황을 새롭게 경험해 가고 적응해 가는 과정에 있다. 혹 그전에 경험했어도 지금 하고 있는 행동이 상황에 적합한 것이라는 확신이 없거나 어떻게 반응해야 할지 방법을 모르기 때문에 본능이 원하는 대로 행동하는지도 모른다.

짜장면 앞에서 길을 잃다

나는 초등학교 때, 집에서 학교까지 고개를 두 개나 넘어야 하는 산길을 한 시간 이상 걸어 다녔다. 그땐 학교 앞에 사는 아이들이 제일 부러웠다. 비라도 내리면 우리는 나무살로 만든 비닐우산을 쓰고 걸어가야 했는데, 허리에 맨 보따리는 언제나 젖어 있어서 책을 말리느라 그날 하루 공부는 종 칠 때가 많았다.

5학년 때 일이다. 담임 선생님이 '고전읽기대회'라는 것이 있다며 매일 책을 구해다 주신 적이 있었다. 선생님은 교실 바닥에 떨어진 활자란 활자는 죄다 주워서 읽곤 하는 내가 그 대회에 딱 맞는다고 생각하셨는지 나를 학교 대표로 뽑아 주셨다. 그때는 학교 도서관이라는 것이 없었고, 학급문고라는 아이디어는 생각조차 못해 봤을 시절이다. 매일 선생님이 주시는 책을 열심히 읽고 또 읽다 보니 책 보는 재미가 생겼고, 글짓기는 어떻게 하는 것인지 조금씩 알아갔다. 그러던 6월 초순, 시골뜨기인 나는 처음으로 버스라는 걸 타고 대회가 열리는 읍내 체육관으로 갔다. 어떤 문제가 나왔는지조차 모를 만큼 얼떨결에 대회를 마친 다음, 결과가 나오는 동안에 선생님은 중국집이라는 곳으로 나를 데리고 가셨다. 말로만 듣고, 그림에서

만 봐 왔던 짜장면이 실물로 상 위에 올려졌을 때를 나는 아직도 생생히 기억한다.

처음 보는 납작한 흰 그릇 안에 새끼손가락보다 좀 작은 노란 국수가 돌돌 말려 있고, 그 위로 시커먼 된장이 올려져 있는데 그것을 짜장면이라고 불렀다. 그 검은 된장 위로 얇게 썬 오이 몇 개와 삶은 계란 한 조각, 그 옆에는 양파와 노란 단무지(이건 엄마가 가을무에 노란 치자 물을 들여 항아리 가득 담아 놓고 겨우내 새콤달콤하게 참기름에 무쳐 주셨기에 알고 있었다), 그리고 또 알 수 없는 시커먼 된장 한 숟가락이 놓인 흰 접시가 함께 따라 나왔다. 처음 맡아 본 짜장면 냄새는 달콤한 것 같기도 하고 구수한 것 같기도 했다. 어떻게 먹는 것인지 몰라 따라 해 보려고 눈치를 살피고 있는데, 갑자기 선생님이 학교에 연락할 게 있다며 먼저 먹으라고 하시고는 우체국에 전화를 하러 가셨다. 늦은 점심이라 식당에는 아무도 없었고, 나는 그 처음 보는 짜장면 앞에서 길을 잃었다.

이건 어떻게 먹는 것일까? 저 검은 된장 같은 것을 뒤집으면 아래에는 뭐가 있지? 그냥 국수처럼 섞어서 먹으면 되는 걸까? 단무지 옆에 있는 저 시커먼 된장은 또 뭐야? 만화에서는 긴 젓가락으로 돌돌 말아 먹던데, 도대체 어떻게 먹어야 하는 거지? 약국집 은희 말로는 끝내주게 맛있다고 하던데, 촌뜨기라고 핀잔 받으면 어쩌지? 온갖 생각으로 머릿속은 하얘졌고, 나는 선생님이 돌아오실 때까지 짜장면 그릇을 밀었다 당겼다, 들었다 놨다 몇 십 번을 했는지 모른다.

"너 아직도 안 먹고 선생님 기다리고 있었냐?"

"아, 예. 오시면 같이 먹으려구요……."

그날 나는 어른이 오셔야 숟가락을 드는 유교의 도를 다한 모범 학생이란 의도치 않은 칭찬까지 들으며 혀끝에서 살살 녹는, 그러나 불어 터져 젓가락으로 집을 때마다 툭툭 끊어지는 짜장면을 처음으로 먹었다. 그리고 짜장면은 양손에 젓가락을 세워 잡고 동시에 아래에서부터 두세 번 뒤집은 후 오른쪽과 왼쪽으로 살살 저어야 면과 검은 된장이 섞여 맛있게 된다는 걸 처음 알았다. 그 후로도 춘장(이 이름은 어른이 되고서야 알았다)에 물과 전분을 넣지 않고 기름에 볶으면 맛이 더 진하고 기름지며, 이 춘장과 면이 따로 나오는 간짜장이 더 비싸고 맛있다는 걸 알게 되는 데 3년의 시간이 더 걸렸다.

그렇다. 아이는 몰라서 못하는 것이지 부모를 일부러 골탕 먹이려고 바람직한 행동을 하지 않는 게 아니다. 엄마가 볼 때는 떼쓰고 우기고 토라지고 우는 행동이 반드시 고쳐져야 할 것으로 보이지만 사실은 아이가 더 답답하다. 상황에 대처할 능력이 없어서다. 그야말로 '안 하는 것이 아니라 못하는 것'이다. 이럴 때 엄마가 밖으로 드러난 아이의 행동이 아니라 그것을 유발한 원인을 찾으려 하고, 아이에게 그 상황을 해결할 수 있는 방법을 가르쳐 준다면 많은 문제들은 얼마든지 해결 가능하다.

지금까지 아이와 내가 마치 으르렁대는 원수 같은 관계라고 생각했다면, 이제는 서로를 성장시키는 좋은 파트너라고 생각해 보자. 관계에 대한 인식 하나 바꾸는 것만으로도 우리는 화내지 않는 육아를 얼마든지 할 수 있다. 아이의 잘못도 엄마의 잘못도 아니다. 그러니까 누구를 탓할 문제는 더더욱 아닌 것이다. 내 아이의 행동에 대한 원인을 알고 방법을 찾아가는 것이 시간은 조금 더 걸릴 수 있다. 그러나 두세 번 하다 보면 그런 과정이 아이에게도 부모에게도 훨씬 효율적이라는 사실을 발견하게 된다.

⚑ 이기는 부모 생각
아이는 안 하는 게 아니라 못하는 것이다.

02
육아하기
좋은 때란 없다

많은 사람들이 행복을 미루면서 살아간다. 젊어서 고생은 사서도 한다는 말은, 지금은 좀 힘들어도 참고 견디면 좋은 날이 올 것이라는 기대를 가지고 하는 말이다. 그리고 진짜 행복은 멀리 있는 것이지 지금은 아니라고 생각한다. 그런데 사람은 정작 자신이 행복할 거라고 기대했던 바로 그때가 오면 행복감을 만끽하지 못한다. 또다시 저 너머에 있을 법한 '행복한 상태'를 설정해 놓고 열심히 현재를 살아간다. 어리석은 일이다.

만족 지연을 하면서 사는 어리석음에서 벗어나라

첫애를 낳고 목욕시키는 방법을 몰라 끙끙대고 있을 때다.

"한 달 좀 지나면 목을 잘 가누게 될 테니 걱정 마."

언제나 내가 필요한 땐 쏜살같이 나타나 도움이 되어 주던 셋째 언

이기는 부모

니가 한 손으로 아이의 목과 등을 받치고 겁 없이 씻어 내려가면서 했던 말이다. 나는 아이가 스스로 목을 가눌 수 있다는 한 달을 얼마나 고대하고 기다렸는지 모른다. 한 달이 지나자 거짓말같이 아기는 목이 빳빳해져 씻기기가 훨씬 수월해졌다. 그런데 나는 우리 애가 다른 애기들처럼 분유를 300ml 먹는 날이 언제 올지를 애타게 기다리고 있었다. 그 다음에는 뒤집기를 기다리고, 또 그 다음에는 걷기를……

감사를 잊었던 것이다. 그토록 기다렸던 상황이 눈앞에 왔을 때 기뻐하고 행복을 만끽하는 게 아이나 나에게도 좋은데 그때는 그걸 몰랐다. 그저 빨리 아이를 키우고 싶은 마음에 일어서기 시작했을 땐 기저귀 떼기를 바랐고, 기저귀를 뗐을 땐 달리기를 바랐고, 세발자전거를 탈 땐 보조 바퀴 떼는 날을 갈망하며 길러 왔으니 숨 돌리고 행복을 느낄 순간이 없었다.

너무도 어리석게 육아 시기를 지나와 버렸다. 목표에 도달하면 또 다른 목표를 세워 놓고 스스로를 닦달해 가며 지나온 탓에 아이도 나도 행복하지 못했다. 모든 현재가 쌓여서 과거가 되고 사람의 일생이 되는 것인데, 순간순간 감사와 행복을 느끼면서 살지 못했으니 후회막급이다. 굳이 만족을 미래로 지연시켜 놓고 살아갈 이유가 없다. 이는 마시멜로 실험에서 나오는 '인내'와는 사뭇 다른 개념이다.

마시멜로 실험이 주는 두 가지 의미

마시멜로 실험은 어린 시절에 형성된 절제력이 인생에 얼마나 영향을 미치는지 보여 주는 유명한 심리학 실험이다. 1960년대 스탠

포드대학의 심리학자 월터 미셸 박사는 유치원에 다니는 만 4세 아이들을 방에 모아 놓고 마시멜로를 하나씩 주면서 이렇게 말했다.

"선생님이 잠깐 나갔다 올게. 먹고 싶을 땐 언제든지 먹어도 돼. 하지만 내가 돌아올 때까지 먹지 않고 기다리면 상으로 한 개 더 줄 거야."

아이들 중에는 연구원이 돌아올 때까지 15분을 기다린 아이도 있었지만 어떤 아이들은 그렇지 못했다. 그들이 10대 고등학생이 되었을 때 다시 조사해 보니, 유치원 때 참아 낸 아이들은 학업과 대인관계 등에서 탁월한 성취를 보이고 있었다고 한다. 이 연구는 거기에서 그치지 않고 그들이 중년이 되었을 때도 추적 조사를 했는데, 참았던 아이들은 사회 곳곳에서 성공적인 삶을 살고 있었던 반면에 그렇지 못했던 아이들은 약물 중독, 비만, 사회 부적응 등으로 힘든 삶을 살고 있었다는 내용을 보고하고 있다. 이 실험은 당장 하고 싶은 일들을 참을 수 있는 절제력이 개인의 성취에 얼마나 큰 영향을 미치는지 이야기할 때 좋은 예화로 쓰인다.

그러나 또 다른 실험에서는 마시멜로의 지연 효과가 전혀 나타나지 않았다고 하는 연구자들도 있다. 즉, 참는 것과 이후의 성공이 전혀 상관관계가 없었다는 말이다. 아이들 중에는 지금 먹지 않으면 없어질 수도 있다는 생각을 해서 참지 않고 마시멜로를 먹었는데, 그런 아이들은 나중의 학업 성취나 성공에 별다른 영향이 없었다는 것이다.

지금 누려야 할 기쁨을 만끽하며 누리지 못한다면 우리의 삶은 늘 스트레스가 쌓인다. 이는 곧 풍선 효과를 일으켜 엉뚱한 데서 터지게 된다. 지금 당신이 하고 있는 육아에 만족하지 못한다면 그것은 남편에게 소리를 치거나 직장에서 업무 효율이 떨어지는 방향으로 물길을 낼지 모른다. 그렇게 되면 행복은 언제나 우리 곁에서 맴도는 가을 잠자리처럼 허공을 날고 있을 것이다.

행복하다는 상상만으로도 우울증이 치료된다

미국 럿거스대학교 헬렌 피셔 교수의 연구에 의하면 인간은 뇌에서 도파민과 세로토닌이라는 화학 물질이 분비될 때 행복하다는 느낌을 갖게 되고 얼굴이 밝아진다고 한다. 이 도파민과 세로토닌이 부족하면 병에 걸리게 되는데, 대표적인 것이 우울증이다. 그래서 산후 우울증이나 육아 스트레스를 비롯한 각종 우울증 치료를 위해 세로토닌을 활성화하는 성분을 약으로 만든다고 한다. 이 세로토닌은 멜라토닌과 함께 작용하면서 생체 시계가 잘 돌아가게 하여 숙면을 취할 수 있게 하고 삶에 의욕이 생기게 만든다. 그러면 이 세로토닌은 어떤 때 만들어질까? 여러 연구에 의하면 그것은 햇볕을 쬐거나 긍정적인 생각, 그리고 운동을 할 때 생긴다고 한다.

매일 아이와 함께 유모차를 끌고 햇볕 속을 걸으며 웃어 보자. 이 넓은 우주에 나를 엄마라고 불러 주는 생명체가 있다는 게 얼마나 가슴 뛰는 일인가. 그리고 짬짬이 운동을 하자. 피트니스 센터가 아니어도 좋다. 집 안에서 아기를 보행기에 태우고서도 스트레칭은 얼마든지 할 수 있다. 그것도 안 된다면 운동하는 상상이라도 해 보자. 실험에 의하면 아령을 들고 있다는 상상을 하는 것만으로도 팔뚝 근육이 두 배나 더 생겼다고 한다. 인간의 뇌는 생각보다 단순해서 우리가 행복하다는 생각만 해도 세로토닌을 분비한다.

줄탁동시, 아이는 자기 때가 있다

육아하기 좋은 때란 없다. 지금 지나고 있는 순간순간이 가장 좋은 때다.

아이는 언제나 바르게 성장한다는 믿음을 갖자. 엄마인 내가 어떤 상태든 상관없이 아이는 태어날 때 가지고 있던 기질대로 자라게 될 것이고, 나는 어시스턴트의 역할만 하면 된다고 믿어 보자. 그리고 나는 그것을 아주 잘 수행해낼 수 있는 사람이라고 스스로에게 말해 보자. 이런 생각과 행동이 우리의 어깨를 가볍게 만들어 줄 것이다.

실제로 학교에서 아이를 가르치다 보면 그런 사례들을 많이 만난다. 재작년에 우리 옆 반 남학생 한 명은 밤낮없이 핸드폰 게임을 하고 밥 먹을 때도 그것을 손에서 놓지 않더니 스마트폰 중독 판정을 받았다. 초등학교 3학년인데, 수업 시간에는 손가락을 빨고 집중이라곤 전혀 하지 못해 모든 과목이 반에서 최하위였다. 아이가 가진 문제는 그뿐만이 아니었다. 젓가락질을 전혀 못해서 식판의 모든 음식을 숟가락 하나로, 그것도 달인 수준으로 먹었다. 생선이나 김치를 숟가락으로 쪼개서 먹는 건 기본이고, 젓가락 아니고는 먹기 힘든 국수도 숟가락으로 먹었는데, 순식간에 바깥쪽에 숟가락을 찔러 넣고 둘둘 말아 입에 넣는 걸 보면 놀라울 정도였다. 우동이 나온 날에는 아예 손으로 집어 입으로 가져갔다. 엄마는 늘 걱정이었다.

"우리 수영이는 구구셈은 물론이고 받아쓰기도 못하는데, 나중에 어찌 될까 걱정이에요."

아이에 대한 엄마의 이런 걱정은 우리 학교가 소프트웨어 선도 학교를 하면서 끝이 났다.

"선생님, 이제 만들어진 게임은 시시해요."

날마다 게임만 하던 아이가 코딩 프로그램을 배우면서 놀라운 아이디어와 집중력으로 게임을 만들기 시작했다. 수영이가 만든 게임은 네이버 엔트리 사이트에 올라가 오늘도 많은 아이들이 접속하는 인기 작품이 되었다.

"수영아, 좀 더 수준 높은 게임을 만들려면 프로그래밍을 할 줄 알아야 하는데 모든 언어가 영어로 되어 있어. 그리고 수학을 모르면 고급 게임 만들기는 힘들어."

그때부터 아이는 자기가 좋아하는 게임을 만들기 위해 수학 시간은 물론이고 모든 수업 시간에 초집중을 했다. 따로 영어를 공부한 것은 물론이다. 그뿐 아니다.

"네가 유명한 프로그래머가 되면 인터뷰도 하고, 유명 인사들과 식사도 같이 해야 할 텐데 지금처럼 손으로 음식을 집어 먹으면 곤란하지 않겠니?"

아이는 선생님이 어떤 의도로 말하는지 알아들었다.

그날 이후 수영이는 집에서는 물론이고 학교 급식 시간에도 젓가락을 들고 열심히 연습했다. 보름쯤 지났을까? 놀라운 광경이 눈앞에 펼쳐졌다. 숟가락으로 떠도 미끄러져 내리는 도토리묵을 젓가락으로 능숙하게 집어 올려 먹는 게 아닌가!

줄탁동시(啐啄同時)라는 말이 있다. 중국 송나라 때 불교 서적인 벽암록에 나오는 말이다. 병아리는 부화를 시작하면 세 시간 안에 껍질을 깨고 나와야 질식하지 않고 살아남을 수 있다. 알 속의 병아리가 껍질을 깨뜨리고 나오기 위해 껍질 안에서 아직 여물지 않은 부리로 사력을 다하여 껍질을 쪼아대는 것을 줄(啐)이라 하고, 이때 어미 닭이 그 신호를 알아차리고 바깥에서 부리로 쪼아 깨뜨리는 것을 탁(啄)이라 한다. 줄과 탁이 동시에 일어나야 한 생명이 온전히 탄생하는 것이다.

자녀 교육도 마찬가지다. 아이가 자신에게 내재된 힘으로 일어서려고 하는 바로 그때, 부모가 밖에서 탁 쳐 주기만 하면 힘들이지 않고 아이는 훌륭하게 자랄 수 있다. 마음 졸일 필요가 없다. 아이는 아이의 힘으로 성장해 갈 것이고, 우리는 지금 이 순간을 감사하면서 행복하게 지내면 된다. 부모인 당신이 행복해야 아이가 행복하다. 육아에 지친 당신과 내가 힘을 내야 할 이유다.

🚩 이기는 부모 생각
만족 지연을 하면서 살지 말라.
육아는 줄탁동시, 아이는 자기 때가 있다.

03
엄마가 욕심을 비려야
아이가 행복해진다

사람은 행복하기 위해 살아간다. 행복하기 위해서 먹고, 행복하기 위해서 공부도 하고, 취업도 하고, 결혼도 하고, 자녀도 낳는다. 그리고 그렇게 낳은 자녀가 행복하게 살아갈 수 있도록 부모는 힘에 부칠 정도로 아이를 기르는 데 혼신을 다한다. 그런데 왜 우리는 아이를 기르면서 행복하지 않을까? 부모만 그런 게 아니다. 아이도 행복하지 않다.

우리나라 학생의 주관적 행복지수가 OECD 회원국 가운데 최하위 수준을 벗어나지 못한 것으로 조사됐다. 연세대 사회발전연구소가 유니세프의 어린이·청소년 행복지수를 활용해 전국 초·중·고교생 7,343명을 대상으로 조사한 결과 우리나라 학생의 주관적 행복지수는 조사 대상인 22개 OECD 회원국 중 20위(88점)를 기록했다.

(중략) 주관적 행복지수는 학생에게 건강 상태, 학교생활 만족도, 삶의 만족도 등을 물어 조사한다. 우리나라 학생들은 '물질적 행복지수'에선 핀란드에 이어 2위에 올랐다. - 〈조선일보, 2017. 5. 2.〉

물질적 행복 지수는 2위인데, 주관적 행복지수는 왜 최하위일까? 내가 아는 젊은 엄마는 아이가 밥을 제대로 안 먹거나 부모가 해 주는 것에 대하여 불평을 할 때, "너는 딱 하루만 아프리카에 가서 살아 봐야 돼"라고 말을 한다고 한다.

그때는 정말 지옥이었어요

나 역시도 마찬가지다. 월드비전에서 매년 실시하는 사랑의 빵 저금통을 식탁에 올려놓으며 공부하기 싫어하는 아들을 윽박지르고 동영상을 틀어 줬다(사실 아이에게 내 주장이 맞다는 걸 보여 주기 위해 극단적인 예를 드는 것은 절대로 바람직하지 않다).

케냐 소년 솔로몬 레나잉기스와는 수도 나이로비에서 360km가량 떨어진 삼부루주에 산다. 중심 지역에서 차로 3시간 더 들어가면 아이의 가족이 사는 은카로니 마을이 나오는데, 솔로몬은 1시간 30분을 걸어 자기 몸통보다 큰 10kg 플라스틱 통에 뿌연 흙탕물을 길어 담는다. 어린 동생과 엄마가 쓸 물 10리터를 길러 갔다 오는 길. 집은 보이지 않고, 말라비틀어진 선인장과 가시나무만 듬성듬성 보이는 허허벌판을 피골이 상접한 아이는 휘청대며 다시 1시간 30분을 걸어 집으로 돌아간다.

"학교에 가는 게 소원이에요."

이쯤 되면 아이는 내가 더 말하지 않아도 큰 죄인이라도 된 듯 말없이 저녁을 먹고, 가방을 메고 수학 학원을 간다. 내 의도대로다. 하지만 군말 없이 공부를 하러 가고 있긴 해도 속마음은 편치 않다. 여전히 학원은 가기 싫고, 무슨 핑계를 대서 공부를 안 해 볼까 머리를 굴린다. 그렇지만 나도 내가 옳다고 생각하는 방식으로 아이를 키워볼 심산이다. 그리고 그렇게 실천했다.

많은 선배들이 "그래 봐야 아이는 지가 잘나서 성공한 줄 안다"라며 충고해 주어도 들리지 않았다. 그래서 나는 싫어하는 아이를 억지로 비행기를 태워 어학연수를 보냈고, 요일을 번갈아 가며 과외를 시켰으며, 체력이 좋아야 한다며 시간을 쪼개 수영장을 보냈다.

스물다섯 살 된 아들이 지금도 나를 보고 이렇게 말한다.

"그때는 정말 지옥이었어요."

비교와 욕심이 불안을 키운다

아이를 키울 때 느끼는 부모의 불안 중 대부분은 아이가 좀 더 나은 삶을 살았으면 하는 바람에서 출발한다. 그러나 그것이 지나쳐 '걱정'이 될 때 우리는 불안해진다. 불안이 꼭 나쁜 것만은 아니다. 앞날이 어떻게 될지에 대해 걱정하고 미리 대비하는 것은 하나님이 인간에게 주신 지혜다. 군이 개미와 배짱이의 예를 들지 않아도 다가올 미래를, 그것도 뻔히 예견되어지는 상황에 대한 대비를 미리 하는 건 절대로 잘못된 것이 아니다. 만일, 내일 먹을 쌀이 없는데 옛날 선비처럼 책상머리에 앉아 사서오경만 읽고 있다면 정말 문제다. 걱정해야 될 것은 걱정해야 한다. 그런데 지나칠 땐 문제가 된다. 이는 건강에도 좋지 않다. 그리고 일어나지 않을 일에 대해 걱정하느라 현재 해야 할 일을 하지 못하는 것은 더 어리석은 일이다. 지나친 걱정은 사람의 뼈를 마르게 한다. 오죽 걱정이 많았으면 '걱정 인형'이 나왔을까?

과테말라 원주민들이 옷을 짓고 남은 자투리 천으로 만들기 시작했다는 걱정 인형은 고작 2~3센티미터 정도밖에 되지 않는다. 그들은 유럽인의 침략에 이어 끔찍한 내전을 겪었으며 화산 폭발 등의 자연 재해 앞에서 늘 공포를 느꼈고, 그 때문에 아이들도 불안해했다. 그래서 부모들은 아이가 잠이 들려고 할 때 베개 속에서 작은 인형을 꺼내 이렇게 말한다.

"걱정일랑 인형한테 맡겨. 그리고 너는 잠이나 자."

그렇게 하면 아이가 가진 공포심과 두려움은 인형에게 전가되어 아주 큰 효과가 있었다고 한다. 이것을 카피한 모 보험회사 광고는 크게 히트를 했고, 이는 '걱정 마케팅'으로 이어져 많은 고객들이 보험 계약서에 사인을 했다는 것은 유명한 이야기다.

부모가 아이를 기르면서 다른 아이와 비교를 하거나, 지나친 욕심을 가지게 되면 염려와 불안은 증폭된다. 이런 불안에 대해 연구자

이기는 부모

들은 사람이 하는 걱정의 70퍼센트는 아직 일어나지 않은 미래의 일들이고, 15퍼센트는 과거에 대한 후회나 죄책감 등 이미 지나간 일, 7퍼센트는 아무런 근거 없는 두려움이 그 근원이라고 지목한다. 우리가 진짜 염려해야 하는 것은 지금 하고 있는 걱정의 8퍼센트 정도에 지나지 않는다. 어떤 주장에 따르면 우리가 하는 걱정의 40퍼센트는 이미 지나간 일이고, 35퍼센트는 앞으로 생기지도 않을 일들이며, 12퍼센트는 남을 의식해서 생기는 일이라고도 한다. 실질적으로 우리에게 필요한 걱정은 얼마 되지 않는다.

생기지도 않을 일 때문에 지금 누려야 할 재미와 행복을 '지연'시켜 놓는 어리석은 부모는 되지 말자. 엄마가 욕심을 버려야 아이가 행복하다. 부처님도 모든 인간의 고민과 번뇌는 욕심에서 비롯된다고 하지 않았던가.

놓지 못하는 원숭이의 손

인도에는 전통적으로 '간단하게 원숭이 잡는 법'이 전해지고 있다. 손이 겨우 들어갈 정도의 항아리와 바나나 한 개만 있으면 된다. 일단 항아리를 단단히 붙들어 매 놓고 그 안에 바나나를 넣어 두기만 하면 끝. 원숭이는 영리하여 항아리 속에 있는 바나나를 쉽게 알아채고, 손을 최대한 둥글고 길게 만들어 항아리에 넣는다. 그런 다음 항아리 속에 있는 바나나를 잡는 데 성공하고 매우 기뻐하지만 바나나를 움켜쥔 채 손을 빼는 건 불가능하다. 사냥꾼이 다가와 목덜미를 잡을 때까지 바나나를 놓지 못한 원숭이는 그물에 갇히는 신세가 되고 만다. 손을 펴기만 하면 올무에서 벗어나 얼마든지 자유롭게 밀림을 누비며 더 달콤한 바나나를 먹을 수 있을 텐데.

🚩 이기는 부모 생각

비교와 욕심을 버리면 불안에서 자유로울 수 있다.

04
기질을 알면
즐겁게 육아할 수 있다

"문제아는 없다! 다만 내 아이의 감정을 모를 뿐이다."

앞서 말한 하버드대학 로즈 그린 박사의 책《엄마가 몰라서 미안해》에 나오는 말이다. 부모는 아이의 특성을 잘 모를 때 화를 낸다. 그렇다면 아이들은 어떤 특성을 가지고 있을까?

걱정이라고는 전혀 없을 것 같은 아이에게도 염려가 있을까?

인본주의 심리학자 에이브러햄 매슬로우(Abraham Maslow)에 의하면 모든 사람에게는 욕구가 있다. 배고픔·배출·호흡·잠자기 등의 생리적 욕구에서부터, 공포·불안·무질서·전쟁·질병과 같은 것으로부터 벗어나려고 하는 안전의 욕구, 가족이나 친구·이웃·배우자 등과 친밀함을 유지하고자 하는 애정과 소속의 욕구, 그리고 자신과 타인으로부터 존경받고 싶은 자아 존중감의 욕구, 마지막으로는 인간의 모든 능력을 최대한 개발하고 사용하고 싶은 자아실현 욕구가 그것이다. 특히 아이들은 생리적 욕구나 안전의 욕구가 채워지지 않을 때, 또는 애정과 소속의 욕구가 해결되지 않을 때 불안을 느끼고 불만을 표출한다. 채워지지 않는 욕구에 대한 행동 반응이 떼를 쓰고 울거나 바닥에 드러눕는 것이다.

욕구가 있을 때 아이들은 울거나 떼를 쓴다

큰아이가 세 돌쯤 지났을 때다. 좀처럼 그러질 않던 아이가 언제부턴가 아침에 일어날 때마다 울기 시작했다. 그뿐 아니라 낮잠을 자다가도 중간에 일어나 짜증을 부렸고, 한 번 울기 시작하면 안아도, 달래도 울음을 그칠 줄 몰랐다. 그러면서 내가 자리에서 일어나면 일어나지도 마라, 앉으면 앉지도 말라며 칭얼댔다. 아픈 것도 아니고, 배가 고픈 것도 아닌데 도대체 왜 자다가 일어나서 동네가 떠나가도록 울까? 이유를 몰라 답답한 시간이 여러 날 지나고 언니한테 물었더니 혹시 야경증(주로 소아에게서 나타나는 수면 각성 장애 중 하나)일지도 모른다며 약을 먹이면 괜찮을 수도 있다고 했다. 약국으로 달려가 아주 작은 통에 든 흰 좁쌀 같은 약을 우유와 함께 먹였더니 다음 날 아침 거짓말같이 아이의 울음이 사라졌다. 내가 무지했던 것이다. 표현하지 못하는 아이는 얼마나 힘들고 괴로웠을까?

채워지지 않는 욕구나 불안으로부터 자유로운 아이들이 없고, 모든 결과에는 반드시 원인이 있기 때문에 부모인 우리는 끊임없이 아이를 관찰하고 알아 가야 한다.

아이들은 기질에 따라 다르게 반응한다

동시에 아이들은 타고난 기질에 따라 다르게 반응한다. 알다시피 기질은 감정적인 경향이나 반응에 관계되는 성격의 한 측면을 일컫는데, 자신과 다른 사람들을 이해하는 좋은 준거가 된다. 일반적으로 의학의 아버지 히포크라테스의 기질 테스트가 잘 알려져 있다. 그는 몸속에 흐르는 체액에 따라 사람의 기질을 네 가지로 나누었는데, 곧 다혈질·담즙질·점액질·우울질로 구분했다. 독일 철학자 칸트 등의 후속 연구 등에 의해 밝혀진 바에 따르면 몸에 피가 많다 하여 다혈질인 사람은 성격이 급하고, 사람과의 관계에 가치를 두기 때문에 정감형이라고도 부른다. 또한 점성이 많아 점액질로 부르는 사람은 감정을 억제하고 공동체와 평화를 중시하기 때문에 실천형이다. 몸에 누런색의 담즙이 좀 과해 담즙질 또는 황담즙 기질을 가진 사람은 과도하게 분노하는 경우가 많고, 일과 과업에 가치를 둠으로 인해 기획형으로 분류되기도 한다. 마지막으로 우울질은 검은색 담즙이라 하여 우울질로 이름 지어졌는데, 이런 성격은 정서가 예민하고 감정 또는 질서에 가치를 두며 사고형으로 분류된다. 이러한 기질에 따라 똑같은 사건이나 상황이라 할지라도 반응하는 방식이 사람마다 다르다.

이 기질 테스트는 어느 TV 예능 프로그램을 동시간 시청률 1위에 오르게 할 만큼 시청자들의 관심을 끌었고, 화제의 검색어가 되기도 했다.

잠시 5분간 시간을 내어 아래에 주어진 단어들을 보며 내 아이가 어떤 아이인지를 분석해 보자. 이는 부모에게도 자신이 어떤 기질의 사람인가를 알 수 있게 해 주기 때문에 자녀를 기르는 데 많은 도움을 받을 수 있을 것이라 생각된다.

방법을 간단히 설명하면 다음과 같다.

글을 읽고 단어의 뜻을 아는 아이라면 좀 더 쉬울지도 모른다(만약 아이가 단어의 뜻을 몰라 질문한다면 부모나 선생님이 간단히 설명을 해 주면 된다). 각 번호의 네 가지 단어 가운데 아이에게 가장 잘 맞는 단어에 체크를 한다(꼭 맞는 단어가 없다면 가장 가까운 단어에 체크하면 된다). 너무 오래 고민하지 말고 보고 느껴지는 대로 1번에서 40번까지 주어진 문항에 표시한다. 그 다음 1~20번 문항의 합계를 내고, 21~40번 문항에 응답한 소계를 낸다. 이 둘을 더해 합계를 구해 보면 내 아이가 어떤 기질인지를 파악할 수 있다. 눈치챘겠지만 왼쪽부터 다혈질, 담즙질, 우울질, 점액질 순으로 되어 있다.

가장 많은 수가 있는 곳이 '주 기질', 다음으로 많은 부분이 '부 기질'이다. 아이에 따라서는 '아! 맞아, 우리 아이는 딱 이 기질이야'라고 할 만큼 두드러진 기질을 나타낼 수도 있겠지만 대부분은 두 가지 기질을 섞어 가지고 있다(다혈질이 가장 많이 나오고 점액질이 다음으로 많이 나왔다면 다혈/점액질, 담즙질이 가장 많이 나오고 우울질이 다음으로 많이 나왔다면 담즙/우울질이다).

〈히포크라테스 기질 테스트〉

	강점						
1	생동감 있다		모험적이다		분석적이다		융통성 있다	
2	쾌활하다		설득력이 있다		끈기 있다		평온하다	
3	사교적이다		의지가 강하다		희생적이다		순응한다	
4	매력 있다		경쟁심이 많다		이해심이 많다		감정을 억제한다	
5	참신하다		능력이 비상하다		존중하다		삼가다	
6	신나 하는 편		독자적인 편		민감한 편		수용적인 편	
7	장려하다		긍정적이다		계획하다		참을성이 있다	
8	충동적인 편		확신하는 형		계획을 따르는 편		과묵하다	
9	낙천적이다		솔직하다		질서 있다		포용력 있다	
10	재담이 있다		주관이 뚜렷하다		신실하다		응답적이다	
11	즐겁다		겁이 없다		섬세하다		외교적이다	
12	명랑하다		자신감 있다		문화적이다		안정되다	
13	고무하는 편		독립적이다		이상적이다		거슬리지 않는다	
14	표현하는 편		단호하다		몰두하는 편		정색하고 농담한다	
15	쉽게 어울린다		행동가 형		음악을 좋아한다		중재하는 형	
16	말하기 좋아한다		성취 지향적		사려 깊은 편		관대하다	
17	열정적이다		책임감 있다		충성스러운 편		잘 듣는다	
18	무대형이다		지도력이 있다		조직적이다		만족하는 편	
19	인기 있다		생산적이다		완벽을 추구한다		편안하다	
20	활기 있다		담대하다		예의바르다		중도적이다	
소계								

	약점				
21	허세를 부린다	권세를 부린다	숫기가 없다	무표정하다	
22	규율이 없다	동정심이 없다	용서하지 않다	열정이 없다	
23	중언부언하다	거스른다	분을 품다	상관이 없다	
24	건망증이 있다	노골적이다	까다롭다	두려워하다	
25	중간에 끼어든다	성급하다	자신감이 없다	결단력이 없다	
26	예측할 수 없다	애정 표현이 없다	인기 없다	관계하지 않다	
27	되는 대로 하다	완고하다	불만이 많은 편	망설이는 편	
28	방임하다	교만하다	염세적이다	단조롭다	
29	쉽게 분노하다	논쟁을 좋아하다	자신을 격리하다	목표가 없다	
30	피상적이다	자만하다	부정적이다	안일하다	
31	칭찬을 바라다	일벌레 형	뒤로 물러서는 편	염려하다	
32	말이 많다	무례하다	과민하다	소심하다	
33	무질서하다	지배하다	낙담하다	확신이 없다	
34	일관성이 없다	관대하지 못하다	내성적이다	무관심하다	
35	어지르는 편	조종하다	우울한 편	중얼거린다	
36	과시하다	고집이 세다	회의적이다	느리다	
37	시끄러운 편	주장하다	외로운 편	게으른 편	
38	산만한 편	성미가 급하다	의심 많은 편	나태하다	
39	침착하지 못한 편	경솔하다	양심이 많은 편	마지못해 하다	
40	변덕스럽다	약삭빠르다	비판적이다	타협하는 형	
소계					
합계					

※SBS 집사부일체 홈페이지에서 발췌 및 편집

이기는 부모

인생 방향을 바꾼 기질 테스트

필자의 경우, 지난 여름 우연히 도서관에서 인터넷 검색을 하다 별기대 없이 재미 삼아 이 기질 테스트를 해 보고는 지난 40여 년 동안 가지고 있는 모든 생각, 갈망, 심지어 버킷리스트까지 리셋하는 방향 전환의 계기가 되었다. 초등학교 2학년 때 혈액형 검사를 하고 지금까지 'O형인 나는 활발하고 적극적인 사람'이라고 평생을 생각해 왔는데, 전혀 아니었다. 나는 다혈질 20%, 담즙질 32.5%, 우울질 25%, 점액질 22.5%로 '섬세하고 뛰어난 언변가인 예수님의 제자 사도 바울'과 같은 담즙우울질로 나타났다.

구분	다혈질	담즙질	우울질	점액질	합계
응답 수	8 (20%)	13 (32.5%)	10 (25%)	9 (22.5%)	40 (100%)

기독교인들을 잡아 가두기 위해 다마스쿠스로 가던 중 강력한 빛 가운데 예수를 만나 신약성경 13권을 쓰고 가장 정확한 언어로 믿음이란 어떤 것인지를 사람들에게 전했던 사도 바울. 평소에 마음으로 존경해 왔던 그가 나와 같은 담즙우울질임을 발견한 순간, 그야말로 심장이 쿵! 하고 뛰었다. "부지런하고 능력 있는 사람. 섬세하고 뛰어난 언어와 적극적이고 공격적인 언변을 가지고 있기에 상대방의 입자체를 봉할 수 있는 능력이 있다. 추진력이 강해서 한 번 목표를 잡은 것은 놓지 않는다."

그동안 늘 게으르고 무능하며, 내가 쓴 글은 설득력 없다고 생각해 왔는데 부지런한데다 능력이 있고 섬세하고 뛰어난 언어를 사용할 수 있다고 하니 나도 사도 바울처럼 눈에서 비늘이 벗겨져 내렸다.

'맞아 나는 원래 그런 사람이야, 정말 능력 있는 사람이었어. 섬세하고 뛰어난 언어를 가지고 있다. 나는 어렸을 때부터 글 잘 쓴다고 칭찬을 받았고, 고등학교 때는 밤새워 글을 쓰며 작가가 되는 꿈을 꿨지. 백일장 입상은 여러 번이었고, 대학 때는 동화 부문 상을 받기도 했잖아? 그래, 오늘부터 섬세하고 뛰어난 언어로 부지런하고 능력 있게 글을 써 보자. 그리고 상대방의 입 자체를 봉할 수 있는 언변가가 되어 보는 거다.'

그날 나의 일기장엔 "나를 발견한 시간, 지금부터의 나는 옛날의 내가 아니다"라고 기록되어 있다.

내 아이의 기질이 어떤지를 알지 못하고, 남이 했다는 방법을 무작정 따라 하다 보면 언제나 인내심의 한계에 봉착하게 되고 화내지 않는 육아는 절대로 할 수 없다. 이 말을 거꾸로 뒤집으면 아이의 특성을 알고 육아를 한다면 얼마든지 화내지 않고 행복한 육아를 할 수 있다는 뜻이다.

한번 해 보라. 어쩌면 당신은 지금까지 경험해 보지 못한 정말 놀라운 결과를 보게 될 것이다. 이렇게 쉬운 방법이 있었는데 그것을 몰라 지금껏 돌아오다니. 그때야말로 "엄마가 몰라서 미안해"라는 고백을 아이에게 하게 될 것이다. 그렇게 아이 기질의 편향 정도가 분석되고 나면 아래에 제시되어 있는 장단점을 파악하고 거기에 맞는 코칭을 하면 된다. 참고로 각 기질별 특징과 코칭 및 자기 훈련 방법을 제시하면 다음과 같다.

	기질적 특징	부모나 교사가 도움 주는방법	스스로 훈련방법
대중적 다혈질	〈웅변적,외향적,낙천적〉 · 다른 사람에게 호감을 준다. · 무슨 일이든 쉽게 자원한다. · 이야기를 좋아한다. · 타인의 주의를 끌기 좋아하며 무대체질이다. · 명랑하고 무대 체질이다. · 기억력이 좋고 유머 감각이 있다. · 피부접촉을 좋아한다. · 기발한 아이디어가 많고 창조적이다. · 새로운 일을 만들어 낸다. · 다른 사람을 끌어들인다. · 겉으로 잘하는 것처럼 보인다.	· 열심히 칭찬하라. · 환경의 영향을 많이 받으니 분위기를 조성하라. · 항상 새로운 것을 좋아하니 그들의 창의성을 존중하라. · 끈기를 가질 수 있도록 격려하라. · 너무 쉽게 약속을 하니 능력 이상의 약속을 하도록 하고 지치지 않도록 하라.	· 지속성(오래참음)을 훈련하라. · 정리정돈을 훈련하라. · 메모하는 습관을 들이라. · 금전출납부를 기록하라. · 논리적인 절차를 중요하게 여기라. · 할 수 있는 약속만 하도록 하라(절제)
역동적 담즙질	· 〈행동가,외향적,낙천적〉 · 천성적 지도자다. · 전체를 바라본다. · 감정에 치우치지 않으며 의지가 강하고 단호하다. · 목표지향적이다. · 쉽게 낙담하지 않는다. · 조직적이다. · 잘못된 것은 고쳐야 한다. · 의지가 강하고 단호하다. · 실제적인 해결책을 찾는다. · 반대에도 굴하지 않는다. · 거칠고 화를 잘 낸다.	· 리더십을 세워 주라. · 대화의 중요성을 인식시켜라. · 책임을 분담하게 하라. · 휴식을 가르치고 여가 활동을 격려하라.	· 당신도 잘못할 수 있다는 사실을 인정하라. · 타인을 조종하지 마라. · 부드러운 태도를 훈련하라.

완벽주의 우울질	〈사색가, 내성적, 비관적〉 · 사려깊고 짜인 계획에 따라 일한다. · 분석적이고 비판적이며 진지하다. · 재능이 있고 천재적인 면이 있다. · 철학적이고 시적이다. · 심미안이 있고 사람들에게 민감하다. · 시작한 것은 끝내야한다. · 자기 희생적이다. · 도표/그래프와 목록을 좋아한다. · 신중하며 이상을 추구한다. · 꾸준하고 철저하다. · 예민하며 까다롭다. · 예술, 학문 등의 분야에 뛰어나다.	· 이상에 대해 이야기 할 때 진지하게 대하라. · 그들에게 홀로 있을 시간과 공간을 허락해 주라. · 그들의 비판을 지혜롭게 수용하라. · 그들의 자존감을 살려주고 칭찬해주라. · 기쁨의 감정을 표출하게 하라. · 온유하게 대하는 태도와 선행을 실천하게 하라.	· 작은 일에 감사하고 기뻐하라. · 목표 기준을 낮추라. · 긍정적이고 낙관적으로 생각하라. · 현실에 발을 딛고 이상을 꿈꾸라. · 다른 사람의 사랑을 즐기라.
평온한 점액질	〈관찰자, 내성적, 비관적〉 · 겸손하고 온유하다. · 유능하고 꾸준하다. · 태평스럽고 느긋하다. · 평화롭고 상냥하다. · 행정능력이 있다. · 인내심이 있고 문제를 중재한다. · 균형잡힌 생활을 한다. · 다투지 않는다. · 조용하지만 위트가 있다. · 기억력이 좋아 타인의 이름이나 전화번호를 잘 외운다. · 쉬운 길을 찾는다.	· 새로운 것에 도전해 보도록 격려하라. · 해 낼 수 있는 적당한 책임을 부과하라. · 적극적으로 참여할 수 있도록 격려하라. · 결정을 내리지 못할 때 적당한 선에서 할 수 있도록 촉구하라.	· 스스로 할 수 있다(can do spirit 정신)고 생각하라. · 오늘 일을 내일로 미루지 마라. · 대화할 때 자신의 감정을 분명하게 표현하라. · 계획을 세우고 실천하라. · 선을 베풀도록 노력하라.

※SBS 집사부일체 홈페이지에서 발췌 및 편집

☞ **이기는 부모 생각**

아이들은 욕구가 있을 때 울거나 떼를 쓴다. 기질을 알면 즐겁게 육아할 수 있다.

05
엄마의 속도가 아닌
아이의 속도에 맞춰라

여러분은 언제 아이에게 화가 나는가? 보통의 부모들은 아이가 '빨리' 또는 '당장' 반응하지 않을 때 화가 난다. 시간은 다 돼 가는데 TV 본다고 밥을 늦게 먹거나 겨우 옷 입혀 놨는데 "이거 싫어, 안 입어" 하면서 짜증 부릴 때, 바빠서 도와준다고 하는데도 "아니야, 저리 가. 내가 할 거야"라고 한다면 누구나 역정이 난다.

첫아이를 낳고 시부모님과 함께 3년을 같이 살았다. 그때는 바쁠 이유가 없었다. 밤에 아이를 데리고 자느라 피곤하긴 해도 아침에 출근 준비를 하고 있으면 아버님께서 아이를 봐 주시고, 솜씨 좋은 어머니는 아침마다 풍성한 식탁으로 건강까지 챙겨 주셨으니 살림할 줄 몰랐던 나는 여러모로 편했다. 아이도 엄마와의 분리 불안은 전혀 없어서 출근할 때 떼를 쓰지도 않았다. 퇴근해서 돌아와도 내가 아이와 함께 놀아 주고 있으면 어머니는 또다시 맛깔스런 저녁과 함께 이유식도 살뜰히 챙겨 주셨으니 아이 기르는 게 힘들다는 생각은 별로 한 적이 없다. 여러 면에서 나는 조부모와 함께 아이를 기르는 것이 아이에게도 부모에게도 좋다고 생각한다.

당장 또는 빨리 하지 않을 때 부모는 화가 난다

그런데 아이가 다섯 살이 되던 해, 주말 부부를 하던 우리가 시댁에서 멀리 떨어진 곳으로 이사를 하면서부터 문제가 발생했다. 매일 어린이집에 아이를 맡기고 출근해야 하는데, 남편 먼저 나간 후 혼자서 아이를 챙기는 건 정말 힘들었다. 밥 먹이고, 양치질 시키고, 옷 입히는 일만 해도 그야말로 정신이 없었다. 화장실에 들어가면서 "엄마 나올 때까지 옷 다 입고 있어"라고 하면 "네" 하고 대답은 찰떡같이 했는데 잠시 후 나와 보면 아직도 한쪽 다리에만 바지를 끼운 채 장난감을 만지고 있질 않나, 겨우 입혀 놓고 칫솔을 건네주면 세월아 네월아 하면서 진도가 나가지 않으니 정말 미칠 노릇이었다. 그럴 때마다 나는 아이를 닦달했고 소리를 질렀다.

"바쁜데 빨리 안 해!"

아이가 엄마 바쁜 줄 알 리가 없다.

아이를 키울 때는 '빨리' 안 하거나, '당장' 하지 않는 데서 오는 이런 종류의 조급함만 있는 게 아니다.

지금 생각해도 우스운 일이 하나 있다. 첫애는 좀처럼 우유병을 자

이기는 부모

기 손으로 잡고 먹지를 못했다. 꼭 우리가 왼팔로 안고 오른손으로 우유병을 잡아 젖꼭지를 알맞은 각도로 기울여 주어야 편안해했다. 어쩌다 왼손잡이인 남편이 반대로 안고 먹이려고 하면 얼굴을 찡그리며 칭얼댔다. 그런데 옆집 아기는 7개월밖에 되지 않았는데 스스로 우유병을 잡고, 그것도 베개를 베고 예쁘게 누워서 잘도 먹었다. 두 달 먼저 태어난 우리 애는 아직도 우리가 안고 먹여 주어야 하는데 비교가 되니 정말 속이 상했다. 그때는 두 손으로 우유병만 잡고 먹으면 세상에 부러울 것이 없을 것 같다고 생각한 적도 있다. 기저귀를 떼는 것도 마찬가지. 형님네 아기는 20개월도 되지 않아서 기저귀를 뗐다는데, 우리 애는 두 돌이 지나도록 "쉬" 소리도 하지 못했다. 무슨 문제가 있는 건 아닌지 날마다 주변 사람들에게 묻고 정보를 찾으면서 불안해했다.

그런데 아이는 우리 부부가 온갖 노력을 포기하는 순간 손으로 우유병을 잡고 먹기 시작했고 어느 날 갑자기 내 손을 끌고 변기를 가리키며 "엄마, 쉬"라고 말을 했다. 그동안 대소변을 가리게 해 보려고 무진 애를 썼는데도 성공하지 못해 속을 끓였는데, 스스로 변기에 오줌을 누겠다고 나를 끌고 갔던 것이다.

주관적 행복도를 높이면 행복한 육아를 할 수 있다

남과 비교하는 마음을 내려놓자. 비교는 순식간에 우리를 불행하게 만드는 강력한 무기다. 100억 원을 가진 부자도 재벌과 비교하는 순간 가난하다고 느낀다. 특별히 우리나라는 개인이 느끼는 행복지수가 최하위다. 같은 동양권인 일본이나 싱가포르도 경제 수준에 비해 행복감이 낮은 편이다. 이런 나라들의 공통된 특징은 유교의 체면 문화와 집단주의 문화가 깔려 있다. 개인과 집단의 의견이 충돌할 때 개인이 포기하는 것을 미덕으로 여겨 왔기 때문이다. 반면, 유럽이나 북미 국가는 개인의 선택을 존중하기 때문에 주관적 행복도가 높다.

영문학 시간에 늘 들었던 이야기 중 하나는 서양 사람들은 남이 어떻게 살든 아무런 상관을 하지 않는다고 했다. 그들에게 있어서는 남이 무슨 옷을 입든, 어떤 집에 살든, 어떤 자동차를 가졌든 그것은 그야말로 '남의 일'이다. 나는 나대로의 인생을 사는 객체라는 인식이 있기 때문에 1년 내내 똑같은 청바지와 티셔츠 하나를 입고 다녀도 남의 눈치를 보지 않는다. 그래서 유학생이나 보통의 사람들은 11월 블랙프라이데이에 폭탄 세일을 하는 청바지를 사기 위해 새벽부터 장사진을 치고, 그때 구입한 청바지 두 개를 1년 내내 번갈아 가며 입는다고 했다. 그것도 세탁비가 비싸 정말 냄새나고 더럽지 않으면 사시사철 그대로 입다가 낡으면 버린다는 얘기를 들었다. 그것은 어쩌면 갓 유학을 갔다 온 시간강사가 재밌으라고 과장해서 들려준 말일지도 모른다. 어쨌건 내 형편에 맞춰 살면 되지 남이 어떻게 살든 나와는 상관없는 일이라고 생각하기 때문에 오히려 내가 가진 것에 만족하는 삶이 가능하다는 얘기를 듣고 한편으로는 부러웠다(실제로 세계 최대 소셜 미디어인 페이스북 CEO 마크 저크버그는 거의 모든 공개 행사에 늘 같은 회색 티셔츠와 청바지를 입고 나타난다.

이기는 부모

왜 그것만 입느냐는 질문에 그는 '페이스북 사용자들을 어떻게 하면 잘 섬길 것인가를 제외하면, 뭐든지 결정을 내려야 할 사항을 줄일 수 있도록 자신의 생활을 단순화하고 싶다'고 대답했다).

부자는 부자 나름대로 노력을 해서 그렇게 되었을 것이라 생각하고 오히려 부자를 존중하는 문화가 있다는 얘기를 들었을 땐 좀 의아하기까지 했다. 그때 우리는 재벌에 대해 분노하는 사회 분위기가 한창 만연해 있을 때여서 더 그랬는지도 모른다.

정말 그렇다. 내 아이가 잘 먹고, 잘 놀고, 유치원 하교 버스에서 내려 두 손을 흔들며 "엄마" 하고 달려올 때 느꼈던 엄마로서의 행복은 놀이터에서 "옆집 아이는 한글을 다 뗐다"는 말을 듣는 순간 끝나 버린다. 그럴 때는 저녁밥을 핑계 대며 잘 놀고 있는 아이를 억지로 데리고 들어와 책상에 앉혀 놓고 닦달을 한다.

"현승이는 한글을 다 뗐다잖아"에서부터 시작하여 아이가 졸린 눈을 비비고, 남편이 들어와 "한글 좀 천천히 알면 어때. 피곤하니까 애 재우지"라고 해도 멈출 줄을 모른다.

느려도 아이는 자기 걸음으로 간다

느려도 아이는 자기의 걸음으로 간다. 우리가 보기에 정말 더딘 것 같아 보여도 아이는 하나님이 심어 놓은 성장의 시간표를 따라 자란다. 엄마의 속도가 아닌 아이의 속도에 맞추어 보라. 그러면 누구나 '화내지 않는' 육아를 할 수 있을 것이다.

그렇게 한글을 몰라 엄마 속을 태웠던 첫째는 정확히 일곱 살이 되던 어느 날, 승용차 뒷좌석에 앉아 작지만 분명한 목소리로 말했다.

"두 마리 치킨, 아이스크림 전문점."

"아들, 치킨과 아이스크림이 먹고 싶구나. 엄마가 마트 가서 사 줄게."

아이의 아토피 때문에 그 좋아하는 치킨을 한 번도 제대로 먹지 못한 남편이 더 신이 나서 외쳤다.

"이야, 엄마가 웬일이니? 치킨을 다 사 준대. 아빠도 실컷 먹을 수 있겠다. 너도 좋지?"

'야호, 신난다!'를 예상했던 우리는 아이의 입에서 나온 다음 말을 듣고 깜짝 놀랐다.

"바지…… 락 칼…… 국수."

세상에! 아이는 승용차 유리창에 코를 박고 손을 짚어 가며 지나치는 간판들을 읽고 있었던 것이다. "1급 자동차 정비, 진미추어탕, 양평해장국, 엔젤리너스, 엔젤 인 어스? 아빠, 저건 우리 안의 천사라는 말 아니에요?"

🚩 **이기는 부모 생각**
느려도 아이는 자기 걸음으로 간다.

06
엄마는 아이에게
가장 중요한 스승이다

예서가 지각을 했다. 한 번도 없던 일이다. 등교 시각이 8시 40분 까진데 55분이 넘어가도 아이가 오지 않았다. 갈래머리를 땋은 야무진 얼굴로, 항상 활짝 웃으며 인사하는 아이. 나는 보통 문자도 없이 아이가 늦으면 좀 더 기다려 보다 9시 수업 시작 직전에 부모님께 연락을 한다.

교실을 나와 복도에서 휴대폰 연락처를 찾고 있는데 마침 예서 엄마에게서 전화가 왔다.

"네, 어머니, 그러잖아도 예서가 아직 안 와서 전화를 하려던 참인데……."

수화기 너머 울음 섞인 목소리가 들렸다.

"선생님, 예서 좀 전에 교실로 올려 보냈어요."

제대로 말을 잇지 못하는 엄마의 말을 종합해 보니, 등굣길에 뭘 하나 사 달라고 했는데 안 된다고 하자 아이가 학교를 안 가겠다고 했나 보다. 한 번도 그런 일 없던 아이가 갑자기 고집을 부리고 짜증을 내기에 엄마도 "그럼 학교 가지 마!"라고 했더니 진짜 가방을 들고 집으로 들어오더라는 것이다.

몇 달 전부터 아이들 사이에는 촉감이 말랑말랑하면서 쭉 늘어나는 슬라임을 책상에 펼쳐놓고 만지며 노는 놀이가 유행했다. 색깔도 마음대로 만들 수 있는데다 풍선처럼 늘어나니 친구들 모두 재밌어하며 가지고 노니까 예서도 며칠 전부터 사 달라고 한 모양이다. 엄마 생각에는 학교에 가면 공부를 해야지 점도가 높아 온갖 먼지와 세균들이 잘 달라붙는 슬라임을 가지고 논다는 자체가 마음에 들지 않았던 것이다. 그 일로 아침부터 한 시간 동안이나 밥도 안 먹고 실랑이를 하다 결국에는 아이도 엄마도 마음에 생채기가 났다.

"예서가 그 정도로 말했다면 한 번 더 생각해 보셨으면 좋았을 걸 그랬네요. 그렇게 등교하면 아이도 어머니도 온종일 마음이 편치 않을 텐데."

복도 끝 저만치서 예서가 가방을 맨 채 실내화를 들고 계단을 올라오는 게 보였다. 눈이 퉁퉁 부은 아이가 말했다.

"저…… 선생님, 제가 준비를 늦게 해서 지각을 했어요."

전후 사정을 다 알고 있는데, 선생님 앞에서 엄마의 허물을 말하지 않는 아이를 보며 코끝이 찡해 왔다.

아이가 엄마보다 낫다

'아이가 엄마보다 낫다.'

가끔씩 나는 이런 생각을 한다. 생각보다 아이들은 부모 걱정을 많이 한다. 요즘에는 학교 폭력에 대한 인식이 높아져 아이들 사이에서의 작은 다툼도 예민하게 다뤄진다. 예전처럼 '장난으로 그랬는데'가 통하지 않는다. 일단 다툼이 일어나 몸을 다치게 되거나 왕따를 당한다고 생각되면 즉각 신고가 들어오고 담임은 전후 사정을 조사하게 되어 있다. 그런데 아이들 다툼의 대부분은 친구들과 소통하는 사회적 기술이 모자라서 발생한다. 한 아이가 크게 잘못했다기보다는 둘다 잘못이 있는 경우가 대부분이다. 그래도 아이들을 불러 사연을 듣다 보면 개중에 조금 더 잘못이 있는 아이가 있어 부모님께 연락을 해야 된다고 말하면 얼굴이 하얗게 질린다. 혼날 게 걱정이 돼서 그렇기도 하겠지만 요즘은 워낙 학교 폭력 예방 교육을 통해 부모님이 책임을 져야 한다는 걸 알기 때문이다.

또, 아이는 보고 배운 대로 따라 한다.

만일 아이가 주스를 패브릭 소파에 쏟았다면 엄마는 화난 얼굴로 이렇게 소리 지를 수 있다.

"분명히 식탁에서 먹으라고 했는데 왜 엄마 말 안 듣고 소파를 이렇게 엉망으로 만들어!!"

엄마는 아이가 반성하며 다시는 그런 잘못을 되풀이하지 않기를 바라는 의도로 그렇게 소리를 질렀을 것이다.

'내가 잘못했어. 엄마 말씀처럼 소파에서 먹는 게 아닌데. 다음부터는 절대로 이런 실수를 하지 않아야지.'

아이들이 이렇게 부모가 원하는 대로 자신을 성찰하고 잘못을 반복하지 않는다면 얼마나 좋으랴. 그러나 대부분의 아이들은 '아! 이런 상황에서는 엄마처럼 저렇게 소리를 지르고 화를 내는 거구나!'를 몸에 익힌다고 아동심리학자들은 말한다.

엄마는 아이가 요즘 부쩍 신경질을 부리고 짜증을 낸다고 했는데에서는 엄마가 오히려 자기한테 자주 소리를 지르며 화를 낸다고 했다. 그리고 엄마가 자신을 향해 잔소리를 하고 고함을 치면, 자기도 똑같이 엄마한테 대들고 싶다고 이야기했다.

부모는 아이에게 완벽한 롤모델

오스트리아의 동물행동학자 콘라트 로렌츠(Konrad Zacharias Lorenz)는 알에서 갓 깨어난 오리나 거위는 처음 본 움직이는 물체를 어미로 인식하는 본능을 가지고 있다는 걸 발견했다. 이것을 '각인(刻印)'이라고 부른다. 오리들이 부화해서 처음 세상에 나왔을 때, 눈앞에 보인 로렌츠 박사의 움직임을 보고 걸음걸이를 흉내 내며 졸졸 따랐다는 건 유명한 실험이다. 동물들은 어떤 기관이나 기능의 발달이 급격하게 이루어지는 '결정적 시기'가 있는데 이 시기에 발달상 결함이 생길 경우에는 장기적이고 심각한 결과를 가져온다. 만일 이 시기에 반드시 배워야 할 학습의 기회를 놓친다면 회복이 불가능하다. 정말 다행인 것은 신은 인간에게 조류들과는 달리 혹 시기를 놓쳤다

해도 만회할 수 있는 기회를 선물로 주셨다. 우리는 그것을 '회복 탄력성'이라고 부른다.

그러나 회복할 기회가 주어진다 할지라도 '결정적 시기'에 제대로 된 양육을 받지 못한 아이는 훨씬 더 많은 대가를 지불하고 나서야, 그것도 최저 단계 수준의 회복을 하게 될지도 모른다.

엄마는 아이에게 가장 중요한 스승이다. 아이들은 양육자의 말과 행동을 그대로 따라 한다.

발가락뿐 아니라 걸음걸이와 목소리조차 부모를 닮는다고 하는데, 평생 인격을 결정하는 유소년 기에 소리 지르지 않고 자녀를 기르는 것은 절대로 놓쳐서는 안 될 중요한 과업이다. 소리를 지르거나 화를 내지 않고 아이를 길러야 하는 이유가 여기에 있다. 나도 당신도 할 수 있다.

🚩 **이기는 부모 생각**
엄마는 아이에게 가장 중요한 스승이다.

07
자신을 인정하는 엄마는
불안하지 않다

    사람에게는 여러 가지 감정이 있다. 기쁨과 슬픔을 비롯하여 질투와 공포, 모멸감, 서운함, 우월감, 열등감, 이타심, 무관심, 절망감, 동정심 등등. 모든 것 중에 인간이 인간답게 살아가는 데 가장 기본이 되어야 하는 감정은 자아 존중감(自我尊重感, self-esteem)이다. 이 자아 존중감은 '스스로 자기를 소중히 대하며 품위를 지키려는 감정'이다. 다시 말하면 자신이 사랑받을 만한 가치가 있는 존재이고 성과를 이루어 낼 만한 유능한 사람이라고 믿는 마음을 가리키는 말이다. 이 감정이 단단한 반석처럼 받쳐 주고 있는 사람은 어떤 상황에서도 흔들리지 않는다. 엄마에게나 아이에게나 반드시 필요한 감정이다.

    그런데 이 자아존중감은 역동성이 아주 강해서 아이나 자신을 타인과 비교하는 순간 우월감이나 불안감으로 변신한다. 내 아이를 남과 비교해서 상대적 우월감이 느껴지면 자신은 모르고 다른 사람은 다 느끼는 '교만'이 생기고, 반대의 경우라면 '불안감'이 밀려온다. 후자처럼 불안이 생기면 아이에게 닦달하며 욱하고 화를 내게 되는데, 그럴 때 찾아오는 것이 죄책감과 자기 회의감(自己懷疑感)이다. 이렇게 자기 존재에 대한 실망이 생기면 초대하지 않는 손님, '우울증'이 마음의 주인으로 자리를 잡는다. 육아를 하는 많은 사람들이 우울증을 앓는 이유다.

비교를 내려놓자.

'그래, 나는 실수할 수 있는 사람이고, 아이도 경험해 보지 않는 길을 가는 중이야.'

이렇게 있는 그대로를 인정하게 되면 자존감이 충전되고 내면에 숨어 있던 자신감이 되살아난다. 그렇게 생긴 자신감은 어떤 일이든 도전할 용기를 갖게 하고, 일의 성취를 이루어 내면서 다시 자존감을 높여 주는 선순환을 하며 활기찬 인생을 살게 한다.

병원도, 의사도 믿지 못하는 불안 그리고 우울증

나도 2년 전에 극심한 우울증을 앓았다. 폐경으로 인한 갱년기를 맞으면서부터였다. 처음에는 소화가 잘 되지 않았다. 어릴 때부터 위장이 약했던 나는 여름에 수박 한 쪽만 먹어도 배앓이를 했기 때문에 이번에도 그러려니 했다. 그래도 나이가 있으니 걱정스런 마음에 위 · 대장 내시경까지 다 해 봤지만 이상이 없었다. 그 다음엔 왼쪽 머리 뒷부분이 아팠다. 편두통은 아니었고 간헐적으로 혈관을 통해 피가 '웅~' 하고 지나가는 느낌이 났는데, 조금 있으면 욱신거리기를 반복했다. 모자를 쓴 듯 머리는 맑지 않았고 늘 답답했다. 어느 날은 갑자기 눈에 초점이 맞지 않아 안과를 찾았다. 검사를 하니 노안과 안구 건조증이 겹쳤다며 인공 눈물과 안경 처방전을 주었다. 먼 거리도 잘 보이고, 가까운 글씨도 잘 보인다는 다초점 렌즈를 맞추고 일주일 동안 적응을 해 가는데 어지러워서 견딜 수가 없었다. 아래를 볼 때마다 땅이 흔들리고 거리 감각이 맞지 않아 계단을 헛디뎌 그 비싼 안경도 벗어야 했다.

그런가 하면 귀도 잘 들리지 않았다. 온갖 검사를 다 했는데도 원인을 찾지 못하자 경험 없는 의사는 고막 천공을 하면 괜찮을 거라고 권총 같은 것을 들이대더니 양쪽 귀에 미세한 구멍을 뚫었다. 이번에는 코를 풀 때마다 귀에서 바람소리가 났다. 그야말로 고장 나지 않은 곳이 없었다. 직장 생활 30년 동안 조퇴 한 번 한 일이 없었는데 그 무렵엔 아이들 수업만 끝나면 병원 투어를 해야 했다. 어느 토요일은 오전에만 세 군데 병원에서 진료를 받기도 했다. 정말 괴롭고 힘든데 원인을 찾지 못하니 마음 깊은 곳에서 두려움이 올라왔다.

'이러다 정말 죽는 건 아닐까?'

나중에 알고 보니 호르몬에 변화가 생기면 신체의 가장 약한 장기들이 질서를 벗어난다고 했다.

그중에서도 가장 힘들었던 건 머리가 멍해지고 기억력이 떨어지는 것이었다. 눈앞에 있는 사물이 아득하게 멀어 보이고, 앞 사람과 이야기를 하고 있는데도 아주 먼 곳에 있는 사람과 대화하는 느낌을 어떻게 표현해야 될지 모르겠다. 이런 얘기를 하면 남편도 의사도, 그 누구도 이해를 하지 못했다. 그래서 나는 더 답답하고 불안했다. 급기야는 아파트 출입문 앞에 서서 "여보, 나 현관 비밀번호를 잊어버리면 어떻게 하지?"라고 하자 그제야 심각함을 알아차린 온 식구들은 나를 위해 간절히 기도하기 시작했다.

그러다가 산부인과 전문 병원을 찾았다. 내 말을 듣던 의사는 "갱년기로 인해 나타나는 증상은 사람에 따라 수백 가지가 있을 수 있다"라고 하면서 여성 호르몬제를 먹으면 그런 증상은 완화되거나 회복될 수 있다고 했다. 하루 한 알로 지금까지의 모든 고통이 멈출 수 있다니. 나는 그 말을 듣자마자 얼른 약을 달라고 했는데 의사는 혹시 모를 호르몬제 부작용 예방을 위해 몇 가지 기본 검사를 하고 나면 얼마든지 처방해 줄 수 있다고 했다. 의사의 말에 소망이 생긴 나는 남편과 함께 설레는 마음으로 영상의학과로 갔다. 잠시 후 검사를 하는데 오른쪽 유방에서 혹이 두 개 발견되었다. 크지는 않지만 맘모톰 시술(유방에 칼을 대지 않고 간단하게 조직을 흡입하여 암 여부를 진단하는 수술 방법)을 해야 한다고 했고, 그날 나는 호르몬제 처방을 받지 못했다. 절망이었다.

맘모톰 후 떼낸 세포의 조직 검사 결과를 보고 호르몬제 투여 여부를 결정할 수 있다는 의사의 설명을 들었지만 나는 그 진단을 믿지 못해 다시 상급 병원을 찾았다. 결과는 동일했다. 몇 주 후에 시술을 했고 조직 검사 결과가 나오는 일주일 동안은 '혹시 암이면 어쩌지?'라는 생각에 사로잡혀 잠을 이루지 못했다. 그렇게 불안한 날들이 지나고 의사는 특이 사항이 없으니 호르몬제를 먹어도 된다며 처방전을 주었다. 하지만 이번에는 또 다른 부작용이 생기지 않을까 하는 불안 때문에 처방받은 약을 먹지 못했다.

그러는 중에도 머리는 계속 아팠다. 다시 종합병원 신경정신과를 찾았다. 약을 먹어 보고 그래도 호전되지 않으면 다시 오라는 의사의 설명에도 기어코 나는 뇌 MRI(자기공명영상)를 찍어 보고 싶다고 우겨 비싼 돈을 지불하고 금속 원통에 들어가 영상을 찍었다. 의사는 예상했던 대로 뇌 혈류는 이상이 없다고 말했지만, 그래도 불안했던 나는 다시 담임 목사님의 제자가 전문의로 있는 분당 서울대병원을 찾았다.

"정상입니다. 마음을 편하게 하고 즐겁게 생활하시면 됩니다."

미소 띤 얼굴로 모니터를 보며 말씀하시는 대한민국 최고 전문의의 말을 듣고서도 나는 '뭔가 있는데 의사들이 찾지 못하는 게 분명해'라는 의심을 하며 집으로 돌아왔다.

"다른 이상은 없고, 갱년기로 인한 우울증이 있어 보였습니다."

제자로부터 그 얘기를 전해 들은 목사님이 아무리 괜찮다고 해도 염려와 걱정은 떠나지 않았다. 지금도 나는 '암'보다 무서운 병이 '갱년기'라고 말한다.

이처럼 불안은 모든 것을 의심하게 하고, 정상적인 신체 기능조차

이기는 부모

마비시켜 버린다. 남편과 가족, 심지어는 전문가의 말조차 의심하게 만드는 불안감은 마침내 우울증과 강력한 동맹을 맺고는 사람을 괴롭힌다. 어떤 이들은 이 스트레스 상황을 견뎌 내지 못해 극단적 선택을 하기도 한다. 이러한 불안감의 기저를 찾아 올라가면 대부분의 경우 자아 존중감의 부재가 뿌리 깊이 자리 잡고 있음을 발견하게 된다. 자존감이 낮아진 원인이 나처럼 호르몬의 변화로 인한 건강상의 문제라면 약물의 도움을 받으며 이겨 나갈 수도 있다(실제로 나는 그 후에 호르몬제를 두 달간 복용했다. 부작용이 있을지도 모른다는 불안감이 들긴 했지만 '갱년기를 해결해 줄 약을 먹고 있다'는 생각 자체가 심리적 안정을 가져왔고, 날마다 햇볕 아래 한 시간씩 걷고 헬스 트레이닝을 하면서 갱년기 우울증을 완전히 극복했다).

혹 그렇지 않고 심리적인 것에서 기인하는 것일 때, 즉 '나는 정말 형편없는 사람이야'라는 생각이 들고 자존감이 방전되었을 때는 다음과 같은 방법을 사용해 보아도 좋다.

존재의 밑바닥을 인정하고 탄식하며 울어라

그냥 아무것도 하지 말고 쉬어 보라. 그저 쉬기만 하라. 한 나절 만이라도 남편에게든 돌보미에게든 아이를 맡기고 낮잠을 자도 좋다. 좀 여유가 있다면 맛난 음식을 먹으며 때 아닌 호사를 누려 보라. 전망 좋은 바닷가의 특급 호텔이 아니어도 가까운 비즈니스호텔에서의 1박과 조식만으로도 바닥이었던 자존감이 올라오기도 한다. 한옥으로 잘 꾸며진 카페에 앉아 통유리 너머로 보이는 청춘들의 행복한 웃음을 보며 지난날 가슴 뛰던 연애 시절의 달콤함을 차와 함께 음미해 보아도 좋다.

종교를 가진 사람이라면 누구도 가지지 못한 강력한 자존감 회복 도구를 가진 것이니 안심해도 된다. 존재의 밑바닥을 있는 그대로 드러내며 울어 보라.

"당신은 창조주고 전지전능하다고 하면서, 왜 나를 이 상황에 있게 하십니까?"

조목조목 따지고 들어라. 워킹맘이라 힘들다, 직장생활도 만만치 않다, 체력은 바닥났는데 최선을 다해도 아이는 고집불통이고 남편은 도와주지도 않는다며 하늘을 향해 소리라도 질러라. 친구는 로또 아파트를 당첨 받아 프리미엄을 몇 억 씩이나 챙겼다는데 나는 다음 달 전세 보증금 인상분을 어디서 메꾸어야 될지 모르겠다고 무릎을 치면서 울어 보라. 그렇게 내 존재의 바닥을 인정하는 것만으로도 역설적이게 자존감이 채워진다.

시작해 보라. 당신이 생각하는 것보다 훨씬 빨리 "괜찮아, 다 잘될 거고 다 좋아질 거야. 걱정하지 마"라는 위로의 음성을 듣게 될 것이다.

성경에는 이런 말씀이 있다.

"너희가 염려함으로 키를 한 자나 더할 수가 있느냐."

📍 **이기는 부모 생각**
존재의 밑바닥을 인정할 때 우울증이 사라진다.

08
벽을 문으로 만드는
아이의 자존감

앞에서 우리는 스스로를 사랑받을 만한 가치가 있다고 생각하는 엄마의 자존감이 자녀 양육에 대한 불안감을 없어지게 한다는 것을 알게 되었다. 이는 아이에게도 마찬가지다. 자신은 소중한 존재이고 어떤 성과를 이루어 낼 만한 유능한 사람이라고 믿는 자아 존중감은 특별히 어린 아이에게 있어서는 두려움 없이 세상을 달려가게 만드는 원동력이 된다.

아이가 두려움 없이 세상을 달려가게 하는 원동력

태민이라는 아이가 있었다. 아버지가 도심 변두리에 땅을 임대해 비닐하우스 몇 동을 짓고 고추며 상추, 부추, 토마토 등을 키우는 농사를 짓고 있었다. 아이는 5학년이었고 휠체어를 타고 있는 여동생이 있었던 것으로 기억한다. 태민이는 항상 제일 먼저 등교해 교실

창가에 심어 둔 나팔꽃과 수세미에 물을 주고 버팀대를 세우는 등의 일을 좋아했다. 그때 우리 반은 체육관 청소 담당이었는데, 태민이는 학교 행사가 있는 날이면 자로 잰 듯 의자를 정렬하고, 내빈용 슬리퍼는 어디에 놓는 게 좋겠다고 선생인 나에게 코치를 하기도 했다. 학교를 마치면 대부분의 친구들은 공을 차거나 학원을 갔는데 태민이는 늘 가방을 메고 집으로 갔다. 장애가 있는 동생을 자기가 돌봐야 부모님이 농사일을 하실 수 있었기 때문이다.

한번은 분수의 덧셈과 뺄셈 테스트를 했는데, 통분의 개념을 제대로 알지 못한 태민이가 15점을 받은 적이 있다. 채점한 시험지를 내주자 여기저기서 환호성과 함께 탄식도 터져 나왔다. 공부를 잘하는 기환이는 한 개밖에 틀리지 않았는데 "오늘 엄마한테 죽었다"라며 울상을 지었다. 그 정도면 우리 엄마는 피자 파티를 해 줄 거라며 친구들이 위로를 해도 아이는 풀이 죽어 있었다.

그런데 내가 15점짜리 시험지를 아이에게 주면서 "태민이 속상하겠다. 분모를 같게 해야 되는데 그걸 못했으니 전부 다 틀렸네"라고 했더니 아이가 했던 말.

"괜찮아요, 선생님. 이번에는 통분하는 방법을 몰라서 많이 틀렸지만 몇 번 더 풀어 보면 잘할 수 있을 거예요."

자존감이 어떤 것인지, 그리고 자존감 높은 아이가 자기 앞에 발생한 문제 상황을 어떻게 해석하고 대처해 나가는지를 눈으로 봤던 그날, 나는 또 한 번의 감동으로 심장이 전율했다.

한번은 사회 시간에 수요와 공급에 의해서 시장 가격이 결정된다는 설명을 하고 있는데 태민이가 이렇게 말했다.

"선생님, 그저께는 4,500원밖에 못 받았는데 오늘은 경매장에 상추가 많이 안 나와서 한 박스에 5,800원에 낙찰 받았어요."

아이의 설명에 너무 놀라 "아니 네가 어떻게 경매와 낙찰을 아니?"라고 물었더니 아이는 특유의 미소를 지으며 다음과 같은 이야기를 했다. 가끔 동생이 아파 엄마가 경매장에 가지 못할 때 아버지를 따라 새벽에 농산물 시장을 가는데, 거기서 경매하는 걸 구경하기도 하고 전날 예약 받은 고추며 상추, 부추 박스를 가게마다 배달하고 돈을 받아 온다고 했다. 아이는 겨우 5학년이었다. 다른 친구들은 닌텐도를 사 달라, 오늘 학원 안 가면 안 되냐며 부모에게 떼를 쓰고, 같은 5학년이던 우리 집 막내는 가지 않은 피아노 학원을 갔다 왔다며 엄마에게 큰소리치는데, 훌쩍 철들어 버린 태민이를 본 그날, 나는 생각이 깊었다.

교과 공부를 뛰어나게 잘하는 편은 아니었으나 일머리를 잘 알아 프로젝트 학습이든 모둠 과제든 친구들을 격려하며 주도적으로 해오던 아이, 항상 예의 바르고 붙임성이 좋아 전담 선생님을 비롯해 모든 선생님들이 칭찬을 했던 태민이로 인해 담임인 나는 종종 어깨가 으쓱해질 때가 많았다. 그렇게 자존감이 높았던 아이는 모르긴 해도 지금쯤은 자기가 몸담고 있는 조직에서 훌륭한 리더가 되어 있을 것이다.

어떤 상황이든, 어떤 문제를 만나든 자기 존재에 대한 믿음이 있는 아이는 절대 좌절하지 않는다.

아이의 자존감, 양육자의 태도에 달렸다

그런데 문제는 이 자존감이 어렸을 때 양육하는 부모의 양육 태도에 의해 높아지기도 하고 낮아질 수도 있다는 것이다.

보통의 부모들은 어떻게 하면 아이가 남들보다 공부를 잘할 수 있을까를 가장 먼저 생각한다. 나부터도 아이를 가지기 전부터, 그 이후도 계속해서 이런 기도를 해 왔다.

"제 아이가 영어를 잘할 수 있도록 해 주십시오. 그리고 수학 머리 하나는 저를 닮지 않고 남편을 닮도록 해 주십시오."

아이가 스스로를 사랑받을 만한 가치가 있는 소중한 존재라고 여긴다면 공부에서의 성패를 떠나 인생의 모든 과정에서 만족한 삶을 살 수 있을 텐데, 그것을 구하지 않았다. 그러고는 날마다 '머리 좋은 아이, 공부 잘하는 아이'가 되게 해 달라고 빌고 있었으니 나의 기도는 부러진 화살이 되어 하늘에 닿지 못했고 성장 과정 내내 아이도 나도 행복하지 못했다.

아이의 성적보다 자존감이 더 중요하다는 걸 우리는 많은 사례를 통해 알 수 있다.

위대한 경영자 잭 웰치 GE 전 회장은 어렸을 때 말을 더듬었다. 친구들은 그를 말더듬이라 놀렸고, 그런 아이들에게 한마디라도 쏘아붙이려고 입을 열면 웰치는 더 심하게 말을 더듬었다. 그럴 때마다 아이는 엄마 품에 달려가 서러운 눈물을 흘리곤 했다.

"웰치, 네가 말을 더듬는 건 매우 똑똑하기 때문이야. 생각은 머릿속에서 번득이는데, 입으로 말하는 속도가 따라가지 못하기 때문에 말을 더듬는 거란다. 어느 누구의 혀도 네 똑똑한 머리를 따라갈 수는 없을 거야. 포기하지 않고 계속해서 연습하면 네가 생각하는 만큼 멋지게 말할 수 있어."

우리도 그런 부모가 되면 어떨까? 객관적으로 내 아이의 부족함이 드러난 상황에서도 눈을 돌려 그 속에 감추어진 가능성을 볼 수 있는 그런 엄마, 그런 선생님이 되기를 소망한다.

벽을 문이 되게 하는 방법

그렇다면 어떻게 아이의 자존감을 높일 수 있을까?

《아이와 함께 자라는 부모》라는 책을 낸 서천석 소아신경정신과 전문의는 아이의 자존감이 높아지려면 "목표를 적절하게 세워야 하고, 작은 성공들이 쌓여 가는 경험을 해야 한다"라고 조언한다. '공부 못하는 아이'의 자존감을 높여 주기 위해 지겹도록 공부를 시킨다고 해서 아이의 자존감이 높아지지는 않는다. 차라리 그런 아이들에겐 작은 일이라도 아이가 해낼 수 있는 일을 시켜 보라고 그는 권한다. 예를 들어 아이가 1학년이라면 옷을 벗어 옷걸이에 반듯하게 걸어 놓는 높은 목표보다는 자기 방에서 옷을 벗는 작은 목표를 먼저 정하고, 그것을 잘하게 되면 그때 칭찬 피드백을 해 준다. 그런 다음 이번에는 바구니를 갖다 놓고 그곳에만 옷을 담아 보라고 하면 아이는 어렵지 않게 그 행동을 하게 된다. 조금씩 목표 행동을 높여 가는 것이다. 그렇게 바구니에 옷을 담는 일을 잘하게 되면 아이는 드디어 옷걸이에 걸어 정리하는 데까지 성공할 수 있을 것이다.

아이는 먹는 대로 자란다.

부모나 선생님으로부터 작은 성공에 대한 피드백의 경험을 많이 먹은 아이는 축적된 자존감으로 '문제의 벽' 앞에서도 낙심치 않고 방법을 찾아 돌진한다. 그런 아이 앞에 당황한 벽은 스스로 빗장을 풀고 문이 되어 길을 연다. 설레지 않는가? 강력한 자존감을 가지고 살아가는 그런 아이의 부모로 산다는 것이.

🚩 **이기는 부모 생각**

벽을 문으로 만드는 아이의 자존감은 부모가 만들어 낼 수 있다.

3장

같은 행동을 반복하는
아이를 위한 육아 필살기

01
일기일회(一期一會)면
충분하다

개인 심리학의 창시자 알프레드 아들러(Alfred W. Adler)와 루돌프 드레이커스(Rudolf Dreikurs)는 긍정 훈육을 이야기하면서 다음과 같이 말한다.

"문제 아동은 없다. 낙담한 아이만 있을 뿐이다."

저는 원래 그래요

낙담한 아이가 과업을 잘 수행해 내기는 어렵다. 작년에 담임했던 기훈이는 자주 지각을 했다. 덩치는 또래에 비해 거의 두 배는 컸고, 3층 계단을 올라오는데도 숨이 차서 늘 헐떡거렸으며 옷에서는 항상 땀 냄새가 났다. 늦게 온 날이면 언제나 "화장실에 있다가"라고 했고, 교실에 들어오면 가방을 책상 위에 던지며 "학교 오기 싫은데 엄마가 가라고 해서"를 반복했다. 수업 시간이면 책상을 이리저리 끌고 다니며 아이들의 공부를 방해했고, 대꾸하지 않는 짝지의 책은 일부러 책상 밑으로 떨어뜨려 울게 만들었다. 교실은 기훈이로 인해 자주 난장판이 되었다. 입학 때부터 그렇게 해 왔으니 아이들은 함께 놀지 않았고 친구들이 그럴수록 아이의 행동은 더 심해져 갔다.

"학교 폭력으로 신고가 되면 너도 부모님도 함께 힘들어진다"라고 해도 막무가내였다.

"신고하라고 하세요. 학교 안 다니면 더 좋아요."

그야말로 방법이 없었다.

엄마도 아이가 무섭다고 했다. 세 살 위 누나는 공부도 생활도 정말 모범적이어서 아이들은 다 그렇게 자라는 줄 알았는데 아들의 행동을 보면서 자기도 어찌 해야 할지 모르겠다며 통곡했다.

"저는 원래 그래요."

"나 같은 게 뭘 할 수 있겠어요."

아이는 자주 이런 말을 했다. 자존감은 완전히 무너져 있었고, 학습 부진은 누적되어 교실에 앉아 있어도 재미있는 일이 없었다. 수업 내용은 알아들을 수 없고, 잘할 수 있는 일도 없으니 그야말로 답답했을 것이다. 그런 아이가 할 수 있는 일이란 매일 인터넷 게임과 휴대폰을 만지는 것뿐인데 집에서도 학교에서도 야단만 맞고 있으니 사는 재미가 없었던 것이다.

선생인 나도 아이의 자존감을 높일 방법을 고심하며 전문 상담사에게 보내기도 하고, 엄마는 교육청 상담 프로그램의 도움을 받기도 해 봤지만 달라지는 건 없었다.

일기일회면 충분하다

그러던 중 교내 스포츠클럽 대회에서 단체 줄넘기를 한다고 했다. 체육 수업은 전담 선생님이 맡고 계셨기 때문에 담임인 내가 체육 수업을 할 기회는 거의 없다. 선생님 말에 의하면 기훈이는 체육 시간만 되면 운동기구를 맘대로 꺼내어 놀거나, 간이 골대를 밀고 다니면서 수업을 방해한다고 했다. 고쳐지지 않는 아이의 행동을 야단치다 보면 다른 아이들도 수업을 못하게 되고, 자주 그런 일이 반복되다 보니 체육 선생님은 아예 수업에 방해만 되지 않게 구석에서 혼자 놀도록 허락했다고 한다. 말 그대로 아이는 규칙이라고는 따르지 않고 자기 맘대로 행동하고 있던 터였다.

단체 줄넘기는 반별 대항이라 담임인 내가 지도를 해야 해서 그날은 아이들을 데리고 체육관으로 갔다. 기훈이는 여전히 구석에서 간이 골대를 이리 밀고 저리 밀고 하면서 혼자 놀고 있었다.

단체 줄넘기 줄은 길고 무거운데다 두꺼워서 돌리는 사람이 요령 있게 돌리지 않으면 안에 들어간 아이들이 아무리 멋있게 잘 뛰어도 소용이 없다. 줄을 돌리는 기술이 줄넘기의 80퍼센트를 차지하는 만큼 밖에서 돌리는 아이들이 잘해야 발이 줄에 걸리지 않게 되어 많이 뛸 수 있다. 내가 두 손으로 줄을 잡고 시범을 보이며 팔을 위에서 아래로 크게 타원을 그리면서 돌려야 된다고 아무리 가르쳐도 아이들은 이해를 못했다. 모든 아이들에게 한 명씩 나와서 돌려 보라며 줄을 건넸는데도 제대로 돌리는 아이가 없었다. 잘 뛰는 아이들은 많은데 밖에서 줄을 돌릴 사람이 없으니 매번 열 개도 하지 못하고 끝이 났다. 옆 반 아이들은 합창을 해 가면서 마흔 여덟, 마흔 아홉을 넘어가며 세고 있는데 우리 반은 아무리 해도 안 되니 나도 아이들도 난감했다. 모두들 주저앉아 실망하고 있는데, 저만치서 기훈이가 간이 골대를 밀쳐 놓고 뚜벅뚜벅 걸어왔다.

"바보들아, 그것도 못하냐? 이리 줘 봐."(기훈이가 아이들 속에 끼어드는 대화법이다.)

그러더니 오른쪽 손바닥에 줄을 한 번 돌려 감아쥐고 왼손으로 남은 줄을 잡은 다음 힘차게 돌리기 시작했다.

"따악 따악 따악 따악"

무겁고 긴 줄넘기 줄은 일정한 박자를 맞추며 정확하게 바닥에서 튀어 올랐고, 줄지어 있던 아이들은 한 명씩 가운데로 뛰어 들어가기 시작했다.

"하나 두울 세엣 네엣"으로 시작된 줄넘기는 어느새 예순 여섯을 넘어 일흔을 향해 갔고, 다리가 아파 미처 뛰어오르지 못한 여자아이의 짧은 탄식과 함께 긴 여정을 끝냈다.

"이야!!!!!!!!!!!"

줄이 멈춤과 동시에 아이들은 환호성을 지르며 기훈이에게로 달려가 부둥켜안았고, 거기에는 머리를 긁적이며 멋쩍어 하는 볼 빨간 덩치 큰 남학생이 서 있었다. 아이가 영웅이 되는 데는 딱 한 번의 기회로 충분했다.

계속되는 실패로 인한 부정적 피드백은 자신을 학대하는 걸 넘어 다른 아이들을 괴롭히는 데까지 이어졌지만, 그날 이후 기훈이는 환골탈태(換骨奪胎)의 대명사로 온 학교에 소문이 났다.

일기일회(一期一會).

16세기 일본의 유명한 다도가인 야마노우에 소우지(山上宗二)가 "일평생 단 한 번의 만남"이라고 한 말에서 유래했다고도 하는 이 말은 문자 그대로 풀이하면 '평생 단 한 번의 만남'이라는 뜻이다. 사람의 평생을 바꿀 수 있는 한 번의 기회, 기훈이에겐 단체 줄넘기가 그것이었다.

문제 아동은 없다. 다만 낙담한 아이만 있을 뿐이다.

자녀를 기르는 부모나 아이들을 가르치는 사람들은 아이가 낙담한 이유를 찾는 데 교육력을 모아야 한다. 비록 기훈이의 엄마나 담임인 나처럼 그것을 찾아내지 못해 힘든 시기를 보낼 수는 있겠지만, 아이가 해낼 수 있는 한 번의 기회를 부여해 주는 것만으로도 자존감은 얼마든지 높일 수 있다. 애써 아들러의 긍정 훈육법을 탐독하지 않아도, 양육자에겐 그런 기회를 줄 수 있는 찬스가 얼마든지 온다. 생각지 않은 때에 생각지 않은 모습으로.

그럴 때 못 본 척, 못 이기는 척 멍석만 깔아 주면 아이들은 저마다의 모습으로 어깨춤을 추며 마당놀이를 즐긴다. 멍석을 깔아 줄

이기는 부모

수 있는 부모 된 자리에 있다는 것은 그 무엇과도 바꿀 수 없는 축복이다.

눈앞의 아이가 말끝마다 "싫어요", "그냥요", "몰라요"를 한다고 해도 그것은 아래처럼 말하고 싶어 하는 것의 다른 버전이라고 해석해 보자.

"저도 잘해내고 싶어요. 그런데 저는 능력이 안 돼요, 도대체 제가 어떻게 하면 해낼 수 있을까요? 제가 할 수 있는 만큼의 과업을 주실 수는 없나요? 저는 해낼 수 없는 제 자신에 대해서 화가 나요."

포기하지 말자. 눈물을 흘리는 한이 있어도 포기하지 않고 일기일회를 찾고 또 찾으면 우리 앞에 있는 아이를 눈을 씻고 보게 되는 날이 있을 것이다. 결국 당신은 이길 것이다.

🚩 **이기는 부모 훈련**
아이가 일어서는 데는 일기일회면 충분하다.

02
일관성 있는 양육으로
아이에게 시그널을 주라

엄마에게 으름장을 놓는 아이들

대부분의 아이들은 만 2세 이후부터 "싫어, 내가 할 거야"라는 황소고집으로 자신의 요구를 관철시키려는 의지를 유감없이 발휘한다. 이때부터 아이와의 본격적인 밀고 당기기가 시작되는 것이다. 이 시기에 부모가 어떻게 대처하느냐에 따라 아이의 떼쓰기는 심해질 수도 있고, 긍정적인 방향으로 조절될 수도 있다. 처음에 안 된다고 했다가 고집을 부리고 떼를 쓰기 때문에 허용해 준다면, 눈치 백단인 아이는 이를 알아차리는 순간부터 떼쓰기를 자신의 요구 관철 수단으로 잽싸게 써먹는다. 보통의 부모들이 이때부터 이전에 내지 않았던 화를 내기 시작하는 것이다.

시럽이 든 파인애플컵 비닐을 반드시 자기 손으로 뜯어야 직성이 풀리는 아이는 그렇게 하지 못했을 때 온 동네가 떠나갈 듯 울음을

이기는 부모

터뜨리며 "안 먹어"라고 엄마에게 으름장(?)을 놓기도 한다. 그러면 엄마는 뻔히 시럽이 쏟아져 식탁을 끈적거리게 할 줄 알면서도 마지 못해 다음 컵을 건네준다.

이는 사실 알고 보면 감사할 일이다. 발달심리학자들은 아이가 두 돌 정도를 지나면서부터는 독립하고자 하는 욕구가 강해지는 것이 정상이라고 한다. 그러니 "싫어, 내가 할 거야"를 입에 달기 시작하 면 '아, 얘가 드디어 스스로 하려고 하나 보다' 하며 오히려 아이에게 "그래? 그럼 네가 한번 해 봐. 왼손으로 꼭 잡고 오른손으로 살살 힘 을 주면서 앞으로 당기면 될 거야"라고 용기를 북돋아 주는 편이 오 히려 낫다. 설령 컵이 쏟아진다 해도 남아 있는 파인애플을 보며 "네 가 뜯어서 더 맛있네"라고 한다면 아이는 다음번엔 더 요령 있게 비 닐을 뗄 수 있을 것이다.

큰아이는 우리나라에서 월드컵이 열렸을 때, 날마다 붉은색 티셔 츠를 입고 가겠다며 고집을 피웠다. 전날 응원을 한 뒤 옷이 땀에 젖 어 세탁기에 넣어 두었는데도 친구들이 모두 입고 온다며 기어코 꺼 내 달라고 해서 입고 간 적도 있다. 여자아이들이라면 신발이나 옷, 그리고 머리핀 같은 것을 가지고 고집을 피우는 경우가 비일비재하 다. 아이의 고집이 선호도의 문제일 때는 천천히 설명하면서 바꾸어 나가면 된다.

안 되는 건 끝까지 안 된다고 하라

그런가 하면 이런 경우도 있을 수 있다.

간혹 다른 사람과 이야기를 해야 하는데 아이가 자꾸 가자며 떼를 쓰는 경우가 있을 것이다. 대화는 해야 하는 상황이고 아이는 자꾸 "가자, 엄마아아~~" 하면서 떼를 쓴다면 보통의 엄마들은 처음에 "그래 알았어. 조금만 기다려. 이모랑 얘기 좀 하고"라며 이유를 설명한다. 아이들이 알아듣고 기다려 주면 좋겠지만 열 명 중에 아홉은 그렇지 않다. 자꾸만 엄마 팔을 잡고 징징대며 나가자고 한다면 대화 상대에게도 민망해서 마음이 힘들다. 이럴 때 다시 한 번 단호하게 "엄마가 기다리라고 했잖니. 아무리 칭얼대도 지금은 나갈 수 없어, 기다려!"라고 한다면 아이들은 보통 두 가지 반응을 보인다.

엄마가 단호하게 말했으니 인내심을 갖고 기다려 보든가, 아니면 한 번 더 칭얼대 보든가.

이때가 엄마의 훈육에 인내가 필요할 때이다. 안 되는 것은 끝까지 안 된다고 해야 하는데, 민망해서 "그래, 조금만 기다려"라고 하면서 효과적인 아이 돌보미인 '휴대폰'을 아이 손에 쥐어 주지는 않는가? 그렇게 되면 아이는 그 이후의 동일한 상황에 더 고집을 피우는 사태가 발생하게 될 것이다. 처음부터 안 되는 건 안 되는 것으로 끝까지 가야 훈육은 효과가 있다. 엄마의 기분이나 상황에 따라 될 때도 있고 안 될 때도 있다면 이는 심각하다. 또, 아이가 다른 사람에게 피해를 주거나 위험한 물건을 만지려고 할 때, 때로는 나쁜 습관이나 건강에 좋지 않은 것을 즐기려고 고집을 피울 때는 반드

이기는 부모

시 꺾어야 한다.

먹지 못한 갈비

부족한 내 책에 추천사를 써 주신 고신대 소진희 교수님께서 부모 교육 강의를 하는 중에 들려주신 에피소드다.

남자 아이만 둘을 키우셨던 교수님께서 아이들이 예닐곱 살 때 외식을 하러 나간 적이 있었는데 한참 장난이 심할 때라 가기 전에 단단히 일렀다고 한다.

"만일 식당에서 뛰거나 장난을 치게 되면 음식을 못 먹고 돌아와야 한다."

아이들이 합창했다.

"네-"

커다란 방에는 여러 개의 좌탁이 있고, 손님들도 많았다.

"엄마가 다시 한 번 얘기한다. 절대로 돌아다니거나 남에게 피해를 주면 안 돼. 만일 그렇게 한다면 그냥 나가야해." 아이들이 다시 한 번 고개를 끄덕였다.

손님이 많은 탓에 음식이 나오는데 시간이 많이 걸렸다. 그래도 아이들은 잘 참아냈다. 한참을 기다리자 숯불이 들어오고 교수님은 고기를 불판에 올렸다. 아무리 약속을 하긴 했지만 생기 왕성한 장난꾸러기 남자 아이들이 긴 시간동안 앉아 있는 것은 힘들었을 것이다. 게다가 옆에는 뛰고 돌아다니는 제 또래 아이들이 여러 명 있었다. 아니나 다를까. 아이 둘도 함께 장난을 치기 시작했고, 몸을 부대끼며 한 명은 찌르고 한 명은 누웠다. 가만히 보고 있던 교수님이 조용히 자리에서 일어서며 말했다.

"집으로 가자."

오래 기다린 탓에 배도 고픈데다 눈앞에는 맛있는 양념갈비가 육즙을 내며 연한 갈색으로 익어 가고 있는데 가자고 하니 아이들은 당황했다.

"잘 못 했어요. 다음부터는 절대 안 그럴게요."

"그래, 엄마도 너희들이 다음부터는 절대로 그렇게 하지 않을 것이라고 생각해."

울상이 된 얼굴로 자비를 구하는 아이들에게 교수님은 단호한 얼굴로 말했다.

"그렇지만 너희가 약속을 지키지 못했다는 사실은 변하지 않아. 식당에서 돌아다니거나 장난치면 고기 못 먹고 집으로 가야한다고 했으니까 지금 일어서라."

큰 아이가 용기를 내어 작은 목소리로 말했다.

"그러면 싸가지고 가서 집에서 먹으면 안 돼요?"

"아니, 오늘은 여기서 먹기로 했잖니?"

계산대 직원이 눈이 휘둥그레져서 말했다.

"저희들이 잘 못한 것이라도……."

"아니요, 다음에 아이들 데리고 다시 오겠습니다. 감사합니다."

그날 이후 아이들은 한 번도 식당에서 돌아다니며 다른 사람에게 피해를 주는 일은 없었다고 한다.

이기는 부모

양육에는 일관성이 있어야 한다. 부모의 기분에 따라 어떤 때는 되고, 어떤 때는 안 된다면 아이를 바르게 양육할 수 없다. 엄마의 기분이 좋은 날은 무엇이든 '통과'되고, 기분이 나쁜 날은 어떤 것도 허락되지 않는다면 아이는 언제나 엄마의 눈치를 살피며 기회를 엿보는 아이가 될 것이다.

'안 되는 건 무슨 일이 있어도 안 되는 것'으로 알고 자란 아이는 어디를 가도 흔들리지 않는 기준을 가지게 될 것이고, 다른 사람의 신뢰를 얻는 사람이 된다.

실제로 교수님의 아들은 둘 다 중 고등학교 때 전교회장을 했다고 한다.

"그 친구 말이라면 믿을 수 있어."

어른들도 그렇다. 바른 기준을 세우고 환경에 흔들리지 않고 사는 사람은 고집스럽게 보일 때도 있지만 멋있어 보인다. 줏대 없이 이랬다 저랬다 하는 사람은 어디를 가도 환영받지 못한다. 부모들의 양육태도가 아이의 성품을 결정 짓는다면, 지금부터라도 일관성 있는 양육태도로 아이에게 시그널을 주어야한다. 그것이 부모에게도 편할 뿐 아니라, 아이로 하여금 흔들리지 않는 인생을 살게 한다.

🚩 이기는 부모 훈련

아이가 어떤 상황에도 흔들림 없는 인생을 살게 하는 것은 양육자의 몫이다.

03
칭찬보다는
인정을 하라

칭찬 홍수 시대

"칭찬은 귀로 먹는 보약"이라 한다. 많이 들을수록 아이가 잘 자랄 수 있다는 기대를 담은 말이다. 캔 블랜차드의 《칭찬은 고래도 춤추게 한다》 이후 세계적으로 '칭찬'은 모든 문제를 해결하는 마스터키로 소개되곤 한다. 그 때문에 칭찬 육아가 자녀 교육의 바이블로 인식되어 선생이든 부모든 어떻게 하면 칭찬을 많이 해 줄까를 고민하는 시대가 되었다. 그래서 시중에는 '칭찬으로 아이 키우기'를 주제로 삼은 책들이 홍수를 이룬다.

사람들은 칭찬의 효과로 다음과 같은 이야기를 예로 든다.

듣지도 보지도 말하지도 못했던 헬렌 켈러는 설리번 선생의 칭찬을 통해 기적을 만들어 냈고, 운동장에서 뛰는 선수는 관중들의 칭찬을 받을 때 평소 능력의 80퍼센트를 더 발휘한다. 칭찬은 적을 친구로 만들며, 자존감을 높여 다시 칭찬을 받게 하는 선순환을 한다. 칭찬은 불가능을 깨뜨리는 놀라운 힘이 있다 등등.

하지만 이는 반은 맞고 반은 틀렸다.

실제로 EBS의 교육기획 10부작 〈학교란 무엇인가: 칭찬의 역효과〉 편에서는 이와 관련한 실험을 한 적이 있다. 기억력을 평가하는 실험을 하면서 연구자는 아이들을 두 부류로 나누었다. A그룹은 아이들에게 '잘한다, 똑똑하다'는 칭찬을 들려주었고, B그룹은 '노력했구나, 어려워도 포기하지 않는구나'라는 이야기를 해 주었다. 그리고 평가지를 내준 다음 감독관이 밖으로 나가자 A그룹 아이들은 부정행위를 하고 B그룹의 아이들은 그러지 않는 모습이 고스란히 카메라에 담겼다. 연구자가 시험에 대해서는 어떤 말도 하지 않았는데 칭찬의 말을 들은 아이들은 기대에 부응하기 위해 부정행위도 마다하지 않았던 것이다.

칭찬의 역효과

아이의 입장에서도 그런 칭찬은 좋지 못하다. 일본의 자녀교육 컨설턴트 기시 히데미쓰(岸英光) 씨는 《칭찬이 아이를 망친다》에서 만일 부모가 칭찬을 통해 아이를 자신이 원하는 방향으로 키우려 든다면 그것은 협박과 다를 바 없다고 말한다.

남들 앞에서 "우리 딸은 엄마도 잘 도와주고, 엄청 착해요"라고 했다고 치자. 그러면 아이의 입장에서는 엄마를 도와주면 착한 아이지만 반대로 도와주지 않으면 나쁜 아이라는 의미로 받아들일 가능성이 높다. 더 나아가 아이를 조종하려는 이런 식의 칭찬은 부모를 도와주면 사랑을 주지만, 그렇지 않으면 사랑을 주지 않겠다고 협박하는 것과 같다.

자녀들에게 부모, 특히 엄마의 사랑은 절대적이다. 유년 시절에는 사랑을 받고 있다는 안정감을 갖도록 양육하는 게 아주 중요하다. 아이가 엄마에게 따뜻한 사랑을 받고 있다는 느낌을 기시 히데미쓰 씨는 "모자(母子) 일체감"이라고 했는데, 이러한 감정에 의해 아이는 엄마가 자신의 문제를 해결해 주고 만족시켜 줄 수 있다고 생각한다. 이 모자 일체감이 제대로 형성되지 않은 채 성장하는 아이는 마음 한구석에 빈자리가 생기고, 어른이 되어서도 그 빈자리를 채우기 위해 계속해서 사랑을 갈망한다. 이런 상태가 지속되어 온 사람은 자기 말을 들어주지 않거나 자기 뜻에 따르지 않는 사람을 적으로 돌린다. 또한 자신과 의견이 다른 상대방과는 타협점을 찾지 못하여 자기 중심적인 사람이 될 가능성이 매우 높다.

결과보다는 과정을 칭찬하라

그렇다면 협박하지 않고 아이 스스로의 힘으로 문제를 해결해 나갈 수 있도록 만드는 칭찬은 어떻게 하는 것일까? 두말할 것 없이 결과보다는 과정을 칭찬하는 것이다. 결과에 대한 칭찬은 다음에도 잘해야 한다는 부담으로 이어지지만 과정을 칭찬하면 자기 주도력이 상승한다.

가령 아이가 수학 시험에서 100점을 받아 왔다고 해 보자. 이럴 때 엄마가 "우와, 우리 딸 100점 받았네. 정말 잘했어"라고 한다면 아이는 다음에도 100점을 받아 와야 엄마한테 칭찬을 받을 수 있을 것이라고 생각할 것이다. 그런 아이가 만일 다음 시험에서 100점을 받지 못하게 된다면 답지를 살짝 고쳐 "선생님이 잘못 매기셨어요"라고 하거나, 좀 더 머리가 큰 아이라면 아예 성적표 자체를 컴퓨터로 수정해 올지도 모른다.

3년 전 담임했던 희승이는 친구들과의 관계도 좋고 수업 시간에도 열심인 아이였다. 자투리 시간에는 집에서 갖고 온 수학 학습지를 풀고, 우유 당번도 스스로 하겠다고 나서는 모범적인 아이. 담임으로서 그런 아이를 만난다는 건 즐거운 일이다. 어머니도 항상 교문까지 아이를 데려다주면서 안아 주고, 준비물을 챙겨 오지 않은 친구에게 나눠 주라며 몇 개를 더 챙겨 보내는 센스 만점인 분이셨다.

그런 희승이가 시험을 봤을 때다. 중요한 시험도 아니고, 단원이 끝날 때 아이들이 교과 내용을 얼마나 아는지 확인하고 성취 정도에 따라 개별 피드백을 해 주기 위해 보는 테스트인데 "선생님, 잘못 매겨 놓았어요"라며 시험지를 들고 나왔다. 많은 아이들의 시험지를 빨리 매기다 보면 실수하는 경우도 있어서 "그래? 선생님이 잘못 매겼나 보다" 하고 수정을 해 주었다. 그런데 두 번째도 똑같은 일이 발생했다. 그럴 리가 없는데 싶어 시험지를 자세히 보니 지우개로 급하게 점 하나를 지운 흔적이 남아 있었다. 다음에는 아예 시험지를 건네줄 때 "18번 문제를 더하기로 적어야 하는데, 곱하기로 잘못 적었구나" 하고 손가락으로 문제를 짚으면서 보여 주었다. 당황하는 빛이 역력했다.

많은 아이들을 지도하다 보면 굳이 말하지 않아도 느낌으로 안다. 그날 오후, 어머니와 상담을 하면서 아이가 시험지를 받아 오면 어떻게 하는지 물었더니 "점수가 낮다고 혼낸 적은 한 번도 없다"고 했다. 그렇다면 왜 아이는 선생님을 속여 가면서까지 높은 점수를 받으려고 했을까? 의아해진 나는 그동안 아이가 두세 번 답을 고쳐 온 적이 있었다고 말해 주었다.

"아, 선생님. 이제 보니 저희가 점수 낮다고 야단친 적은 없는데 100점을 받아 오면 외식도 하고 원하는 것도 사 주었어요."

칭찬과 격려로 키우면 좋다고 해서 실천했는데 아이는 엄마에게 칭찬받기 위해 시험을 볼 때마다 두려워했고, 결과에 민감하게 반응해 선생님을 속이려고까지 했던 것이다.

칭찬을 하지 말고 인정을 하라

칭찬을 하지 말고 인정을 해 주자. 기시 히데미쓰 씨는 칭찬과 인정의 차이를 이렇게 설명한다.

"너는 참 착하구나!", "너는 대단한 아이야!", "너는 정말 훌륭해!" 등의 표현이 칭찬이라면, 이와는 다르게 "네가 이렇게 행동한 것을 보니 대단하다는 생각이 들어"라고 표현하는 것은 인정이라고 한다. 아이가 70점을 받았든 100점을 받았든 인정해 주는 대화는 이렇게 하면 된다.

"실수하지 않으려고 열심히 공부하더니 이번에는 만점을 받았구나. 우리 아들이 집중할 수 있게 돼서 엄마는 너무 기뻐."

"서술형 문제를 어려워하더니 이번에는 많이 풀었네. 목표를 세우고 열심히 노력하는 모습을 보니, 아빠는 네가 자랑스러워"

결과보다 과정을 인정하는 칭찬을 해 보자. 부모에게서 그런 칭찬을 듣고 자란 아이는 다른 사람의 평판(칭찬이든 비난이든)에 좌우되는 인생을 살지 않는다. 그야말로 자기 주도적인 인생을 살아나갈 수 있는 것이다. 내게서 자란 아이가 그런 멋진 인생을 사는 걸 보는 기쁨은 양육자에게만 주어지는 하늘의 선물이다.

🏆 이기는 부모 훈련

아이를 자기 주도적인 사람으로 세워 가는 칭찬은 결과보다는 과정을 인정하는 것이다.

"어제 열심히 연습을 하더니 구구단을 다 맞았구나. 엄마는 우리 딸이 끈기 있게 노력하는 것이 자랑스러워."

04

엄마의 체면보다
아이의 눈으로 재해석하라

한국 문화는 '체면 문화'다. 오죽했으면 "양반은 사흘을 굶고 물만 마셔도 남들 앞에서 이쑤시개로 이를 쑤신다"라는 말이 있을까? 미국의 역사학자이자 외교관으로, 주로 일본과 한국의 역사를 연구했던 에드윈 올드파더 라이샤워(Edwin Oldfather Reischauer)는 이런 사회를 일컬어 '신분 지향 사회(Status-oriented)'로 불렀다. 신분에만 가치와 의미를 두는 사회라는 뜻이다. 조선 건국의 기초를 세운 때부터 유교 사상이 뿌리 깊게 자리 잡으면서 사농공상(士農工商)이라는 신분이 나왔고, 그 신분에 해당되는 사람들은 어떻게 살아야 한다는 준거들이 우리 사회에는 깊숙이 자리 잡았다. 체면 문화의 사회는 '남이 나를 어떻게 볼까'를 모든 판단의 기준으로 삼는다.

어떤 이는 이 체면 문화가 서양의 개인주의적 양심 문화보다 수준이 낮다며 폄하하기도 하지만 나는 그 말에 전적으로 동의하지는

이기는 부모

않는다.

체면 문화, 나의 아버지

어렸을 때, 눈을 비비며 겨우 잠자리에서 일어나면 아버지는 막내와 나에게 사립문 밖을 먼저 쓸고 그 다음에 마당을 쓸라고 하셨다. 사립문에서 신작로로 이어지는 길까지는 어린 걸음으로 제법 멀었다. 가깝지도 않은 그 길을 아침마다 청소하라고 하니 속으로는 불만이 많았다.

'떨어진 나뭇잎도 없는데 왜 아버지는 매일 사립문 밖을 쓸라고 하실까?'

내 키보다 훨씬 큰 싸리비를 들고 사립문 밖 흙길을 큰길까지 쓸고 가면 이마에선 굵은 땀방울이 흘러내렸다. 그렇게 동생과 함께 임무를 완수하고 집으로 돌아오면 우리가 지나간 자리에 부챗살 같은 빗자루 흔적들이 가지런히 남아 있었다. 아버지는 항상 그것을 보면서 기뻐하셨다.

"집 앞이 지저분하면 남들이 흉본다."

체면 때문에 억지로 한 청소였지만 식구들은 온종일 그 길을 오가며 기분 좋게 지낼 수 있었다.

그뿐 아니었다.

밭뙈기 하나 물려받지 않고 남의 집 초가 한 칸을 얻어 셋방살이부터 시작한 아버지와 어머니는 허리띠를 졸라매며 열심히 사셨는데, 그 덕에 물 대기 좋은 논 몇 마지기를 사고 거기다 벼를 심었다. 아버지는 언제나 동트기 전에 일어나 헛기침을 하며 사립문을 나가셨는데, 무논에 피(가라지)를 뽑으러 가는 길이었다. 농약이 귀했던 때 푹푹 빠지는 논바닥을 밟으며 일일이 피를 뽑기가 쉽지는 않았을 텐데 아버지는 단 한 개의 피도 논에 남겨 두지 않으셨다. 마을의 다른 논에도 피라고는 찾아볼 수 없었다. 그냥 둬서 추수 때가 되면 없애도 될 것 같은데 온 동네 사람들은 신새벽에 모두 나와 피를 뽑았다.

"논에 피가 있으면 남들이 게으르다고 한다."

그것이 이유였다.

알고 보니 논이든 밭이든 잡초를 추수 때까지 두면 그 녀석들이 양분을 다 빨아먹어 곡식이 제대로 자랄 수 없다고 했다. 가을걷이 후 떨어진 알곡들 중에서 일일이 가라지를 골라내는 수고를 하지 않아도 되었던 이유가 '체면' 덕분이었으니 그야말로 윈윈(win-win)이다.

요즘 사는 세상도 다르지 않다. 여자들은 밖으로 나가기 전에 반드시 화장을 하고 장소에 알맞은 옷을 골라 입는다. 우리 오빠는 외출할 때마다 늦게 준비하는 올케를 보고 자주 핀잔을 한다.

"여자들이 '다 돼 간다'라고 하면 그때부터 20분은 족히 더 남았다고 보면 된다."

그만큼 꾸미는 데 시간을 많이 들인다는 얘기다. 남자도 마찬가지다. 우리 집 둘째는 통학 버스를 타고 학교를 다닌다. 아침 시간 분초를 다투는 상황에도 자외선 차단제는 꼭 발라야 한다. 시간이 늦으면 밥은 못 먹어도 그것만은 꼭 가방에 챙겨 넣고 황급히 버스를 향해

　　　　　　　　　　　　　이기는 부모

달린다. 그런 아들을 보고 남편은 "남자애가 무슨 선크림, 구릿빛 피부가 건강한 거지"라며 혀를 끌끌 차지만 아버지가 그러시든지 말든지 아들은 "남자의 경쟁력은 피부"라며 기어코 통학 버스 안에서 선크림을 꺼내 열심히 바른다.

사실 여자들의 화장이나 아들의 선크림 바르기는 남에게 잘 보이기 위해서 시작한 일인데 하다 보면 거울 앞의 자기 모습에 스스로가 만족한다. 자신에 대해 그런 만족이 있는 사람은 누구를 만나도 당당하다. 경제학자들은 이런 문화가 있기 때문에 우리나라의 화장품과 성형 기술이 세계 최고가 되었다고도 한다. 체면 문화가 다 나쁜 것만은 아니다.

소매를 물어뜯으니 엄마가 창피해

그러나 무엇이든 과유불급(過猶不及), 즉 지나칠 땐 문제가 된다. 특히 아이를 키우고 교육하는 데서는 지나친 것은 모자람만 못하다.

1학년을 담임했을 때 한 아이는 항상 소매 끝을 입에 넣고 쪽쪽 소리를 내며 빨았다. 문제가 안 풀려도 빨고, 그림을 그리다가도 빨고, 도서관에서 책을 읽을 때는 아예 소매를 입에다 넣고 질겅질겅 씹었다. 무의식적으로 하는 행동이다. 아이의 엄마는 아무리 말려도 다섯 살 때부터 계속된 버릇이 고쳐지지 않는다고 했다.

그런가 하면 이런 아이도 있었다. 여름철 모래놀이를 하면서 아이들 모두 커다란 페트병에 물을 길어 모래 위에 뿌리고 손등으로 다져 가며 두꺼비집을 만들었다. 그런 다음 모래더미에 깃발을 꽂아 서로 많은 모래를 가져오면 이기는 놀이를 할 때, 모든 아이들이 손이나 얼굴에 모래를 묻혀 가며 신나게 놀고 있는데 한 여자아이는 처음부터 끝까지 울었다. 신발에 모래가 들어갔다는 이유였다.

"모래는 나중에 저기 수돗가에서 씻으면 돼."

친구들과 내가 아무리 설명을 해도 울음을 그치지 않았다.

지난 번 중간 놀이 시간에도 다른 아이들은 신나게 그네를 타는데 아이는 아예 그네를 잡아 보려고도 하지 않았다. 신발에 모래가 들어간다는 이유만으로.

"우리 아파트에는 모래가 없는데……."

아이를 키우다 보면 같은 행동을 반복하는 경우를 자주 본다. 특히 몸에 해로운 행위를 반복할 때 부모는 바른 습관을 잡아 준다고 백방으로 노력해 보지만 마음대로 되지 않는다. 아이가 소매를 자꾸 물어뜯는 버릇이 있어 평소에 자주 주의를 줬는데도 고치지 못했다고 하자. 이럴 때 "자꾸 소매를 물어뜯으면 남들이 흉본다"라고 하면서 제지를 해 왔다면 아이의 입장에서 이렇게 생각할 수도 있다.

'남이 흉보는 행동은 하면 안 되고, 흉보지 않는 행동은 해도 되는가 보다. 그렇다면 남들이 보지 않을 때는 얼마든지 해도 되겠네.'

이는 체면 문화의 단점을 고착화시키는 의도되지 않은 실수를 되풀이하는 것이다.

모래가 손과 얼굴에 묻어 자꾸만 떨어내야 하는 아이를 향해 "다른 애들은 아무렇지 않게 노는데 너만 왜 별난 행동을 해? 엄마 창피하게"라고 했다면 반성해 볼 때다.

아이가 소매를 물어뜯지 않으면 엄마인 내가 체면이 서고, 아이가 소매를 물어뜯으면 내 체면이 서지 않아 부끄럽다고 말하는 건 이제 좀 바꾸어야 한다. 이럴 때 필요한 게 역지사지(易地思之)다. 입장 바꿔 놓고 생각해 보라. 아이는 아이대로의 이유가 있을 것이다. 소매를 물어뜯을 때 쾌감이 느껴지고, 안정감이 생기고, 위로가 되기 때문에 그 행동을 반복하는지도 모른다.

체면이 아니라 진짜 아이를 위하는 교육을 하는 엄마라면 이렇게 말한다.

"소매를 물어뜯으면 옷을 못 쓰게 되고, 너덜너덜한 옷을 입고 학교에 갈 수는 없어. 요즘 자주 배가 아픈 이유가 소매 끝에 묻은 세균이 입에 들어가서 그럴 수 있다고 의사 선생님이 말씀하셨잖아."

⚐ 이기는 부모 훈련
인과관계를 설명하는 훈육을 하라.
"네가 그렇게 행동하니 엄마가 창피해"가 아니라 "네가 그렇게 행동하니까 이런 결과가 나오는구나!"라고 설명하라.

05
사소한 일에서도
아이의 선택을 존중하라

심은 대로 거둔다

요즘 부모들의 최대 고민은 아이가 휴대폰을 만지는 시간이 지나치게 많다는 것이다. 실제로 학교에서 인터넷 중독 검사나 스마트폰 중독 검사를 하면 이전보다 훨씬 많은 아이들이 중독 단계인 '관심군'으로 나타난다. 많은 경우, 어렸을 때 부모가 육아 돌보미로 태블릿이나 휴대폰을 준 결과다. 외식을 하러 가서 주변을 둘러보면 많은 부모들이 아이에게 대충 음식을 먹인 후 휴대폰을 맡긴다. 그렇게 하면 아이들은 떼쓰지 않고 엄마 아빠가 자리에서 일어나 집에 가자고 할 때까지 휴대폰 화면에 눈과 코를 박고 동영상이나 게임을 즐긴다. 그랬던 부모들이 아이가 공부에 좀 몰입했으면 하는 때가 오면 휴대폰 때문에 공부도 안 하고, 음란물도 쉽게 접해서 걱정이라며 특별한 방법이 없겠냐고 상담을 한다. 앞뒤가 맞지 않는 일이다. 심은 것이 싹이 난 것 뿐인데.

어떤 부모는 아이가 일찍 잠자리에 들지 않는다며 불만을 털어놓는다.

"우리 애는 우리가 자지 않으면 절대로 침대에 눕지 않아요."

알맞은 시간에 자지 않으니 삼십 분씩 토닥여 주어야 겨우 잠을 청하거나 그것도 잠깐 자는 듯하다 벌떡 일어나 눈을 말똥말똥할 땐 미치겠다는 젊은 엄마도 있다. 아이가 늦게까지 자지 않으면 다음날 아침엔 깨우기부터 시작해 씻기고 챙기는 데 진이 빠진다. 매일 달래고 어르고 야단쳐 보지만 아이들은 좀처럼 말을 듣지 않는다.

함께 일과표를 짜라

이를 아이의 관점에서 생각해 보자. 늦게까지 자지 않는 아이의 입장에서는 아직도 하고 싶은 일이 있다. 간식도 먹고 싶고, 보고 싶은 TV 프로그램도 있고, 친구들과 좀 더 SNS도 하고 학원 때문에 못한 게임도 더 하고 싶다. 어른이든 아이든 욕구대로 행동하고 싶어한다. 그런데 일방적으로 엄마가 10시에는 자야 한다고 정해 놓으니 아이는 잠이 오지 않는 것이다. 부모가 필사적으로 노력해도 잘 되지 않는 이유다.

이럴 때 좋은 방법은 아이와 함께 앉아 종이를 꺼내 놓고 일과표를 짜 보는 것이다.

우선 아침에는 몇 시쯤 일어나면 여유 있게 학교 갈 준비를 할 수 있는지 아이에게 물어본다. 아이도 생각이 있기 때문에 언제쯤이 적당할지 잘 알고 있다. 일어나서 세수하고 밥 먹고 등교를 하는 데 어느 정도 시간이 걸리니까 몇 시쯤 일어나야 한다고 말을 할 것이다. 그러면 그것을 아이의 손으로 일과표에 적어 넣게 한다. 그 다음 그 시간에 일어나려면 몇 시쯤에 잠들어야 할까를 생각해 보게 한다. 그러면 언제쯤 자야겠구나 하고 스스로 계산을 한다. 그렇게 시간이 나오면 또 일과표에 넣고, 잠들기 전에는 무엇을 해야 하는지 물어보면 보통은 "이 닦기, 일기 쓰기"라고 할 것이다.

아이가 무엇을 해야 할지 생각해 내지 못한다면 내일 입을 옷 정해 놓기, 가방 챙기기 등으로 엄마가 이야기해 주면 아이들은 이들 중에서 선택을 하는데, 이런 과정을 통해서 아이는 전체적인 시간 개념을 가지게 된다. 그렇게 확정된 시간표를 화장실 거울 앞이나 테이블, 책상 등 여러 곳에 붙여 놓으면 아이는 자기가 정한 시간표이기 때문에 지키려고 노력을 한다. 일주일 정도 실천하다 보면 신기하게도 아이들은 어떤 시간을 늘리고 어떤 시간은 줄여야겠다고 스스로 말을 하기도 한다.

아이들은 청개구리다

아이들은 청개구리다. 같은 일이라도 엄마가 시키면 하기가 싫다. 다들 이런 경험 한 가지씩은 가지고 있을 것이다.

공부하다 정말 오랜만에 책상 정리 좀 하려고 자리에서 일어났는데, 때마침 문 열고 들어온 엄마가 "책상이 그게 뭐니? 제발 좀 치우고 살아라"라고 하는 순간 조금 전에 먹었던 마음은 어느새 사라지고 만다. 그러면 아이도 소리를 지른다.

"지금 막 치우려던 참이었단 말이에요!"

작은 것이라도 본인이 선택한 것이라면 신나게 한다. 그렇다고 아이들이 자기 좋아하는 것만 선택하지는 않는다. '해야 할 일'도 적절하게 리스트에 넣는 것을 보면 신기할 정도다.

많은 아이들이 학교에 오면 선생인 나에게 체육을 해 달라, 쉬는 시간을 늘려 달라, 영화를 많이 보여 달라 등의 요구 사항을 이야기한다. 그런 이야기만 들으면 아이들은 맨날 쉬고 노는 것만 좋아하는 것처럼 보인다. 하지만 절대 그렇지 않다. 학교는 공부하는 곳이란 인식을 기본적으로 하고 있기 때문에, 온종일 체육 시간만 있다고 해서 모든 아이들이 좋아하는 건 아니다. 오히려 그 반대다.

"선생님, 어제는 꽁지따기 말놀이를 배웠는데, 오늘은 다섯 고개 낱말 맞추기를 공부하면 좋겠어요."

배움의 즐거움을 알고 있다는 뜻이다. 쾌락만 추구하면 언제까지나 행복할 것 같지만 사람은 기본적인 욕구가 충족되고 나면 고차원적 단계인 자아실현을 갈망한다. 이는 인간만이 배움을 통해서 또 다른 기쁨을 추구하는 존재임을 나타내는 것이다.

조금씩 단계를 높여 가라

그리고 아이들은 한 단계 한 단계 높은 목표를 달성해 나갈 때 성취감과 짜릿함을 느낀다.

내가 아는 게임 기획자는 게임을 설계할 때 두 가지 방향성을 가지고 설계를 한다고 한다. 처음에는 누구나 할 수 있도록 쉽게 만들고, 다음에는 단계를 거쳐 가며 도전 의식을 심어 주고, 최종적으로는 다른 곳에서는 경험할 수 없는 독특한 재미를 주면 마니아층이 생긴다고 했다. 아이들로 하여금 할 일을 정하게 하고, 쉬운 것에서부터 게임을 하듯 단계를 밟아 가도록 한다면 진을 빼지 않고도 부모는 아이를 잘 양육할 수 있을 것이다.

그렇다고 아이가 일과표를 모두 지킨다거나 목표를 전부 달성하기는 힘들다. 아이는 로봇이 아니다. 그럴 때는 아이의 심신을 살펴 가면서 부모가 함께 '화이팅'을 하는 게 좋다. 만일 아이가 운동회를 하고 온 날이라 피곤해서 꾸벅꾸벅 졸고 있다면 억지로 양치질을 하라고 소리 지를 필요는 없다. 살짝 안고 화장실로 들어가 "오늘은 피곤하니까 가글만 하자"라며 입에 컵을 대 주는 게 오히려 낫다. 그러면 아이는 자신의 피곤을 알아주는 부모에 대해 감사한 마음을 가지게 될 것이고 이는 '부모 신뢰'로 연결된다. 실제로 우리 아이들은 그럴 때 벌떡 깨어나 칫솔을 달라며 양치질을 하기도 했다.

작은 것이라도 아이가 스스로 선택하게 하는 것, 이는 책임감을 가르치는 데도 아주 유용하다. 어떤 선택이든 결과가 있기 마련이고, 아이도 그 결과를 통해 옳고 그름에 대한 판단을 내릴 수 있다. 잔소리할 이유가 없다. '아, 내가 이것을 안 했더니 이렇게 되었구나!' 스스로 깨닫는다.

결정을 하지 못할 때에는 되질문하라

아이에 따라서는 결정을 쉽게 하지 못하고 "엄마가 정해 주세요" 하고 말하는 경우도 있다. 이럴 땐 되질문하기가 효과적이다.

"엄마는 네가 숙제를 저녁밥 먹기 전에 하면 좋겠는데, 네 생각은 어떠니?"

그러면 아이가 "예, 그게 좋겠어요"라고 할 수도 있고, 다른 의견을 낼 수도 있다. "제가 생각하기에 그때는 학원까지 갔다 와서 피곤하니까 차라리 저녁을 먹고 숙제하는 게 더 낫겠어요."

이런 되질문하기는 아이들의 사고력과 논리력에 도움을 준다. 스스로 선택하고 스스로 하게 하라. 그리고 그것을 존중해 주라.

🚩 **이기는 부모 훈련**

작은 일도 아이의 선택을 존중하며 함께 일과표를 짜되 결정을 내리지 못할 때는 되질문하라.

06

어떤 일이 있어도
체벌은 안 된다

　나는 체벌에 관해서 많은 고민을 해 온 사람이다. 교육 전문가로 학교 아이들을 가르치면서, 그리고 두 아이를 키우면서 어떻게 하면 아이들이 인격과 실력을 갖춘 사람으로 자라나게 할 수 있겠는가에 대한 생각을 누구보다도 많이 했다.

　우리는 교육의 모범으로 유대인의 자녀 교육에 대해 많이 이야기한다. 인구는 세계 인구의 2퍼센트밖에 되지 않으면서 아이비리그 학생의 30퍼센트, 노벨상 수상자의 23퍼센트, 특별히 미국 4대 일간지와 주요 방송국을 포함한 언론·영화·금융 산업을 이끄는 인물들 중 상당수가 유대인이라는 통계 자료를 보며 도대체 아이를 어떻게 기르면 그렇게 키울 수 있는지 비법을 찾으려고 노력한다. 아이가 태어나기 전에 부모학교를 다녀라, 놀이식 교육을 하라, 그룹을 지어서 토론하게 하라 등등.

삼십 년 가까이 유대인 교육에 대해 관심을 가지고 연구해 온 나는 '유대인 자녀 교육의 성공 비결은 부모의 인내와 끈기 끝에 주어지는 결과물'이라는 결론을 얻었다.

유대인의 성공, 부모의 인내와 끈기의 결과물

유대인 아이들이라고 다르지 않다. 고집 피우고, 떼쓰고, 투정 부리기를 반복한다. 그럴 때 유대인 부모들은 절대로 소리를 지르거나 화를 내지 않는다. 어떤 상황이든 자세히 설명하고 이해시키는 데 최선을 다한다. 옆에서 지켜보면 답답할 정도로 반복하고 또 반복한다. 유대인 부모라고 계속해서 잘못하는 아이에게 쉼 없이 같은 말을 반복하는 게 쉬울 리는 없다. 우리와 똑같이 화도 나고, 짜증도 난다. 그럼에도 불구하고 그들은 포기하지 않고 설득하고 타이르기를 반복한다. 왜 그럴까? 어떻게 그렇게 할 수 있을까?

그들의 사상에는 '이 아이는 내 소유가 아니다'라는 철학이 깔려 있다. 그들이 믿는 유일신 하나님이 이 지상에 아이를 맡길 만한 적임자를 찾고 찾다가 자기에게 보내 준 아이라고 그들은 믿는다. 하나님이 잠시 위임해 둔 아이, 그 아이를 스스로 판단하고 행동이 가능한 열세 살이 되기 전까지 온전한 인격체로 길러 낼 책임이 자신들에게 있다고 생각한다. 유대인들에게는 결혼식보다 너 큰 예식이 성인식이다. 결혼식에는 친척들이 오지 않는 경우가 가끔 있지만 아이가 열세 살이 되는 날에는 전 세계에 흩어져 있는 친척들이 너 나 할 것 없이 한곳에 모여 성대하게 성인식을 치른다. 이 예식을 기점으로 부모는 더 이상 자식에게 해 줄 게 없다고 생각하기 때문에 어린 자녀를 기르는 유대인 부모들은 마음이 바쁘다.

그래서 그들은 조기 교육에 최선을 다한다(한국에서 말하는 조기 교육과는 의미가 사뭇 다르다). 아이가 어릴수록 가정교육에 목숨을 건다. 유대인 가정 대부분이 맞벌이를 하고 자녀를 기르는데 어떻게 이것이 가능할까? 유대인 아이들은 보통 생후 2~3개월이 지나면 어린이집을 다닌다고 하는데 부부 중 먼저 퇴근하는 사람이 오후 4시쯤에 아이를 데리고 집으로 온다. 그때부터 부모는 아이가 잠자리에 드는 오후 9시까지 모든 것을 아이에게 맞춘다.

아이를 목욕시킬 때도 '촉감이 어떻게 발달할지'를 생각하며 머리에서부터 발끝까지 구석구석 씻기며 정성을 다한다. 정결한 천으로 잇몸을 닦아 주며 치아의 소중함을 이야기하고, 블록을 함께 쌓으며 놀이처럼 기하를 배우게 한다. 저녁을 먹기 전에는 함께 손을 씻으며 청결이 평생의 건강에 어떤 영향을 미치는지를 가르친다. 식탁의 음식들을 보며 엄마의 정성에 감사하게 하고, 토마토 한 알에 숨겨진 과학을 이야기하며, 토스트가 어떻게 여기까지 올 수 있었는지 유통 과정을 설명하며 천천히 식사를 한다. 밥상머리 교육이다. 아이가 너무 어려서 알아듣지 못하는데도 그런 설명이 필요한지를 묻는 사람들이 있다.

"아이가 이해하지 못해도 상관없습니다. 저는 부모로서 교육해야 할 책임을 다하는 것입니다. 이해하든지 못하든지 끊임없이 이야기

이기는 부모

를 하다 보면 아이가 어느새 질문하기 시작합니다. '아빠, 그러면 이 대추야자는 설탕을 넣지 않아도 말리는 과정에서 단맛이 난다는 말이지요?'"

그들에겐 먹고 자고 놀고 쉬는 모든 과정이 학습이다. 유대인 아이들도 부모와 함께 TV를 본다. 어린이 프로그램이 끝나고 어른 프로그램이 시작되면 아빠는 아이가 보는 앞에서 콘센트를 뽑아 버리고 서재에 앉아 아이와 함께 책을 읽는다. 그러고 나서 방으로 들어가 침대 머리맡에서 아이의 이마에 손을 얹고 축복 기도를 해 준다. 부부의 모든 것이 자녀 교육에 초점이 맞춰져 있다. 직장일이든 가정일이든 해야 할 일이 있다면 아이가 잠자리에 든 밤 9시가 지나고 나서부터 시작한다. 결코 쉽지 않다. 그들도 하고 싶은 일이 있고 즐기고 싶은 게 있다. 하지만 유대인 부모들에겐 아이를 기르면서 흘리는 땀을 그 어떤 것보다 귀하게 여기는 가치관이 뿌리 깊게 자리 잡고 있기 때문에 심지어 그들은 '자녀를 낳고 기르지 않는 결혼은 할 가치가 없는 것'이라고까지 생각을 한다.

아이를 기르면서 화가 나지 않는 상황은 없다. 그럼에도 유대인 부모들은 체벌 없는 교육과 대화, 그리고 설명과 설득으로 문제를 해결한다. 차근차근 설명해도 이해하지 못할 때는 처음부터 다시 반복한다. 이 과정을 통해 아이가 이해하고 다시 그런 행동을 하지 않으면 좋지만 실수를 반복하는 게 아이들이다. 그럴 때 그들은 아이가 좋아하는 걸 못하게 하거나 침묵하도록 격리시키는 벌을 준다.

나는 이 점에서 의문이 생겼다. 그렇다고 체벌이 전혀 없을 수가 있을까? 말로 자신의 감정을 표현하지 못하는 아기일 경우 제지하는 것만으로 행동의 교정이 가능할까?

이유가 있다면 체벌하라

그들이 평생을 곁에 두고 배우는 책《탈무드》는 이렇게 말한다. "이유가 있다면 체벌하라."

그렇다. 아이를 양육할 때 충분히 대화로 문제를 풀되 이유가 있다면 체벌도 가능하다는 게 그들의 교육 방식이다. 여기에서 그들이 말하는 '이유가 있다면'을 생각해 보자. 우리는 부모인 '내'가 이유가 된다. '내가' 볼 때 아이가 잘못했고, '내가' 생각할 때 그 정도는 할 수 있을 것 같은데 하지 못할 때 야단을 친다. 또 '내가' 반복 설명하는 게 힘들어서, '내가' 쉬고 싶은데 자꾸만 귀찮게 하니까, '내가' 그렇게나 몇 번씩 이야기했는데도 말을 듣지 않기 때문에 야단을 친다. '내가, 내가, 내가…….'

심지어 회사일 또는 부부 싸움 때문에 '내가' 기분이 나빠서 이전에는 용납되었던 것이 안 되는 게 되기도 한다. 언젠가 직장에서 기분이 나빴던 아버지가 집에 오니 애가 잠을 자지 않고 운다고 소파 아래로 아이를 던져 척추를 다치게 한 이야기가 사회면 뉴스에 나오기도 했다. 아이는 겨우 백일이 지났을 뿐인데.

유대인의 이유와 우리의 이유는 사뭇 다르다. 이렇게 '나'로부터 눈을 돌려 이 아이가 어떤 존재(신으로부터 위임받은 아이)인가를 생각해 본다면 얼마든지 기다리고 참는 교육을 할 수 있다. 아이를 이해하고 설명할 끈기만 있다면 모든 게 체벌 없이 해결 가능하다는 뜻이다. 유대인들이 만일 부모의 편익을 위해 체벌이 가능하다고 했다면 아이는 체벌 받는 순간에 그 근본 원인을 찾기보다 회피하는 방법을 가장 먼저 찾을 것이다. 그런 아이에게서 행동의 교정은 기대하기 힘들다. 체벌의 이유가 '부모인 나'일 때 아이는 억울하다고 생각할 뿐 자신이 잘못했다고 절대 생각하지 않는다. 부모인 '내가' 이유가 되는 체벌은 어떤 일이 있어도 절대 안 된다.

🚩이기는 부모 훈련

끈기 있게 훈육하되 이유가 있다면 체벌하라. 그러나 부모인 내가 이유가 되어서는 안 된다.

07
용감한 부모가
자기 주도적 아이를 만든다

내 둘째 아이는 뭐든지 자기 것을 잘 챙긴다. 아침에 가지고 나간 우산을 학교나 학원에 두고 오는 일은 절대 없다. 여행이 예정되면 며칠 전부터 캐리어를 거실 한쪽에 열어 두고 오갈 때마다 필요한 게 생각나면 던져 넣는다. 출발 당일에 "어떤 거는 챙겼니?"라고 물을 필요가 없다. 누구를 닮았는지(사실은 남편을 닮았다).

그에 비해 큰아이는 대학생이 되어서도 기숙사 짐 가방을 남편이나 내가 모두 챙겨 준다. 군대를 갔다 온 지금은 다르긴 하지만.

뭐든지 못 챙기는 아이

아이가 제대로 못해서 하나에서 열까지 챙겨 줘야 한다는 엄마들이 있다.

지현이 엄마는 사흘이 멀다 하고 교실로 찾아오거나 담임인 내게

이기는 부모

전화를 한다.

"선생님, 지현이 점퍼 찾으러 왔어요."

"선생님, 지현이 수학책 가지러 왔어요."

"선생님, 죄송한데 책상 서랍에 일기장을 두고 와서…….."

"선생님, 우리 지현이가…….."

지현이는 다른 아이들이 열심히 공책에 필기를 할 때 언제나 그 큰 눈을 끔뻑이며 나를 쳐다본다.

"지현이, 또 연필 없나 보구나."

새 학기가 시작된 3월에는 연필을 좀 챙겨 보내라고 서너 번 어머니께 문자를 보냈다. 그랬더니 어머니는 분명히 아침에 연필 다섯 자루를 필통에 넣어 준다고 했다. 세 자루만 해도 되는데 하도 잘 잃어 버려서 아예 두 개를 더 챙겨 보낸다고 하셨다. 그 말을 듣고 아침에 필통을 살폈는데, 정말 다섯 자루가 들어 있었다. 그런데도 2교시가 지나고 나면 남은 연필은 하나도 없고 그나마 심이 부러진 것들만 두어 개 있을 뿐이었다. 아이들이 돌아간 교실을 다시 청소기로 밀다 보면 여러 개의 학용품을 만나는데 그중의 70~80퍼센트는 지현이 이름 스티커가 붙어 있다.

대체로 집에서 먼저 태어난 아이들이 그렇다. 큰아들은 모든 걸 시어른들이 다 챙겨 주셨다. 외출할 때 신발을 신는 것도 할머니가 다 해 주었고, 밥도 떠서 먹었다. 개월 수가 비슷한 제 또래 아이들은 스스로 신발을 챙겨 신는데, 아이는 다섯 살이 되도록 현관 문턱에 앉아 양쪽 발을 앞으로 내밀었다. 신겨 달라는 뜻이다. 옷을 입는 것도 마찬가지. 언제나 입혀 주고 벗겨 주고 하니 스스로 해야 할 필요를 느끼지 못했다. 우리 부부가 어머니께 혼자 할 수 있도록 내버려 두라고 하면 "때 되면 다 한다"라며 조급해 하지 말라고 하셨다. 마냥 손주가 귀엽고 예쁘기만 해서 뭐든지 다 해 주고 싶으셨던 게다.

어머니가 해 주실 때는 스스로 하도록 내버려 두라고 했던 우리가 분가를 하고 나서는 혼자 하도록 기다려 줄 여유가 없었다. 출근은 해야 하고, 챙기기도 해야 되니 떠먹여 주고 입혀 주는 게 더 빨랐다. 워킹맘의 딜레마다.

기다려 주고 잔소리하는 게 힘들고 귀찮을 때 부모가 대신 해 주는 것이 우선은 효율적이다. 그렇지만 그런 아이가 자율성을 가지기는 힘들다. 그래서 아이에게 생선을 주지 말고 낚시하는 방법을 가르치라고 했나 보다. 만 두 살이 넘어가면서 모든 것을 '싫어, 내가 할 거야'라고 할 때, '놔두었더라면 더 좋았을 걸' 하고 후회를 한 적이 많다.

소극적인 첫아이, 이유는 부모에게 있다

대부분의 부모들이 첫아이를 키울 때는 왠지 불안하다. 그리고 한번 입력된 지식은 고정관념이 되어서 바꾸기 힘들다. 첫째는 6개월이 될 때까지 사람이 많이 모이는 곳에 데리고 나가 본 적이 거의 없다. 면역력 약한 아이가 사람이 많이 모이는 곳에 가면 바이러스에 노출될 우려가 많다고 배웠기 때문이다. 그때는 그것이 정답인 줄만 알고 있었는데, 나중에 알고 보니 아기는 모체에서 가지고 나온 면역력과 초유에서 나온 항체로 6개월 정도는 병치레를 거의 하지 않는다고 했다. 오히려 6개월 이후 면역이 떨어지기 시작할 때부터 자주 병원을 찾게 된다는 걸 모르고 길렀으니 참 어리석었다. 심지어 큰애는 병원에서 준 약은 무조건 먹여야 되는 줄 알고 빨간 시럽 해열제를 열이 나지 않는데도 꼬박꼬박 끝까지 먹였다. 엄마가 제대로 된 정보를 알지 못했던 탓에 아이의 건강까지 해칠 뻔했다는 것을 한참 뒤에야 알았다.

그렇게 큰아이는 거의 바깥에 데리고 다니지 않았고, 뭐든지 할아버지나 할머니 그리고 우리 부부가 챙겨 주다 보니 소극적이 되었다. 심지어 어린이집 선생님의 말에 의하면 아주 얕은 냇가에 발을 담글 때도 아이는 자지러지게 울었다고 한다. 물가에 데리고 가 본적이 없었던 것이다. 서툰 부모 때문에 큰아이는 그렇게 시행착오를 겪으며 자라야 했다.

그런가 하면 칠 년 터울로 태어난 둘째는 완전히 다르게 키웠다. 큰아이를 키우면서 좀 늦고 서툴러도 때 되면 다 하더라는 경험을 했기 때문에 마음에 여유가 있어 스스로 할 때까지 기다려 주었다. 뭐든지 해 보려고 하면 그대로 놔두고, 꼭 필요할 때만 개입했다. 그랬더니 아이는 스스로 방법을 탐구해 나갔다. 또, 형이 하는 것을 무조건 따라 하다 보니 소근육도 일찍 발달해서 젓가락질도 훨씬 빨리 터득했다. 모방이 최고의 교육 방법이다. 큰애는 단추 끼우기를 일곱 살쯤 돼서야 제대로 한 것 같은데, 둘째는 내버려 두어도 따라 하다 보니 다섯 살도 안 돼 스스로 하게 되었다.

스스로 하는 가위질 하나가
에피지놈(두뇌 폭풍)을 일으킨다

미술 시간에 종이 접기를 하거나 꾸미기를 할 때 가위질을 자주 한다. 별것 아닌 것 같지만 가위질은 상당히 기술을 요하는 작업이라 또래들이라도 시켜 보면 천차만별이다. 아주 능숙하게 테두리를 잘 오려 내는 아이가 있는가 하면, 어떤 아이는 간단한 자르기도 하지 못한다. 부모가 위험하다고 가위질을 시키지 않아서이다. 그런 아이는 4, 5학년이 되어도 미술 시간에 필요한 종이들을 엄마가 아예 오려서 가방에 넣어 보낸다.

손을 사용하는 것은 두뇌 발달과 아주 밀접한 관계가 있다. 손끝의 말초 신경과 근육들을 움직일 때 그 자극은 뇌로 전달되면서 뇌세포인 뉴런이 서로 연결되는 두뇌 폭풍이 일어난다. 이를 과학자들은 에피지놈(epigenome) 현상이라고 부른다. 다양한 자극들이 연결되어 일으키는 이러한 에피지놈 현상은 DNA 염기 서열을 바꾸어 후천적으로 IQ를 높인다고 한다. 그래서 외국에서는 일부러 아이들에게 어렸을 때부터 가위질을 시킨다.

아이의 손가락 근육을 발달시키기 위해 접근할 때는 종이를 가늘게 찢게 하는 것부터 시작하면 좋다. A4 용지를 주고 누가 길게 찢는지 게임을 해 보면 위에서 아래로 서너 번만 굵게 찢어 길이가 아주 짧은 아이가 있는가 하면, 손끝을 사용하여 얇게 찢어 가늘고 길게 늘어놓는 아이도 있다. 몇 번 이런 시도를 해서 아이가 어느 정도 찢기를 잘하게 되면 어린이용 안전 가위를 주고 가장자리를 자르는 연습을 먼저 하게 한다. 그런 다음 길게 자르기, 뾰족하게 자르기, 둥글게 자르기 등을 시키면 세밀한 것을 오리는 데까지 소근육을 사용할 수 있다. 위험하다고 아무것도 하지 못하게 해서는 중학생이 되어서도 가위질을 못한다.

큰아이가 라면을 스스로 끓여 먹기 시작한 건 중학교 2학년 때였다. 그동안 아이가 몇 번이나 혼자 해 보겠다고 했는데 소심한 우리는 중학생이 되어서야 겨우 가스불 사용을 허락했다. 라면 하나 끓이는 것도 아빠랑 함께 열 번도 더 연습한 다음에야 겨우 혼자 하게 허락했더니 첫째는 요즘도 무슨 일이든 오랫동안 고민을 하고 나서야 도전한다.

부모부터 용감해질 필요가 있다. 그런 부모가 자기 주도적 아이를 만든다. 적극적인 아이가 되느냐 소심한 아이가 되느냐는 많은 부분 양육자의 태도에 달렸다.

🚩 이기는 부모 훈련

용감한 부모가 되라. 작은 일도 스스로 하게 하라. 그런 부모가 자기 주도적인 아이를 만든다.

08
아이의 입장에서
공감하고 이해하라

결핍이 있을 때 아이는 짜증을 낸다

학교에만 오면 자주 엎드려 있거나 턱을 괸 채 힘없이 앉아 있는 예은이라는 아이가 있었다. 옆에서 누가 말이라도 걸면 언제나 신경 질을 냈다. 왜 그러냐고 물었지만 아이의 대답은 늘 동일했다.

"그냥 짜증이 나요, 선생님."

엄마도 아이가 왜 그러는지 모르겠다고 했다.

하루는 이벤트를 좋아하는 아이들을 위해 계란을 삶아 보온 팩에 넣어 가지고 갔다. 늘 집안에서 굴러다니는 과자도 학교에서 선생님 이 나눠 주면 꿀맛처럼 느끼는 게 아이들이다. 짧게 동물의 한살이 를 이야기해 준 다음 계란을 한 개씩 나누어 주었더니 아이들이 환 호성을 질렀다. 아이들이 모두 "잘 먹겠습니다" 합창을 한 후 껍질 을 까고 있는데, 예은이는 대충 껍질을 까고 후다닥 계란을 입에 넣

이기는 부모

었다. 소금도 찍지 않고 또 한 입 베어 무는 아이를 보고 "체할라, 천천히 먹어"라고 했더니 입 안 가득 계란을 넣은 채 예은이가 말했다.

"선생님, 이제는 배고프지 않아요."

아이는 배가 고팠던 것이다. 아이 말에 의하면 엄마가 저녁 늦게까지 일을 하고 새벽에 들어오시기 때문에 자기가 학교 갈 때까지 주무신다고 했다. 저녁도 챙겨 주는 사람이 없어 대충 먹고 잠이 드는데, 아침도 못 먹고 오다 보니 늘 기운이 없었던 것이다. 그날 이후 나는 빠짐없이 아이들 몰래 예은이에게 먹을 걸 챙겨 주곤 했는데, 이후로는 한 번도 무기력하게 앉아 있거나 짜증을 부리지 않았다. 결핍이 있을 때 아이는 짜증을 부리고 화를 낸다.

공감 육아법

요즘 육아의 트렌드는 부모가 아이의 입장이 되어 보는 '공감 육아'라고들 한다. 공감하기 위해서는 듣는 대화를 해야 하는데 우리는 늘 지시하고 가르치는 데 익숙해서 들으려고 하지 않는다. 듣는 과정을 통해 아이를 이해하지 못하니까 화를 내게 되는 것이다.

미국의 심리학 박사 매튜 맥케이 외 세 사람은 2년 동안 285명의 부모들을 대상으로 언제 어떻게 화를 내는지, 화를 내는 가장 중요한 원인이 무엇인지를 조사했다. 그 연구를 바탕으로 그들은 화가 날 때 부모들이 어떻게 생각하고 행동하는 것이 좋은지에 대해《화 내는 부모가 아이를 망친다》에서 방법들을 제시하고 있다. 그중 하나를 살펴보자.

만일 아이가 허락을 받지 않고 밖으로 나가거나 부모의 물건을 함부로 만졌다면 부모는 '이것이 나쁜 일인지 분명히 알고 있을 텐데'라는 생각이 들면서 말을 안 듣는 아이에 대해서 화를 내고 싶다.

여기서 잠깐 아이의 입장으로 돌아가 보자.

아이가 '기질 면'에서 극도로 산만한 아이라면 허락을 받아야 한다는 것을 모를 수도 있고, 심지어는 허락받았는지조차 기억하지 못할 수도 있다. 거기다 아이가 적극적인 행동가라면 새로운 상황에 대한 두려움이 없기 때문에 허락 없이 외출했을 가능성이 높다.

그런가 하면 '발달 단계'를 볼 때 아이는 자율과 독립성을 키워 나가는 시기여서 그런 행동을 했을 수 있다. 그 시기의 아이라면 허락받지 않고 자기 맘대로 행동하는 것이 잘못이라는 생각을 못하기 때문에 마음대로 행동한다. 또 아이가 두 살에서 다섯 살이라면 그 시기의 모든 아이들이 어떤 것이든 만지고 싶어 하는 단계이기 때문에 허락 없이 부모님의 물건을 만졌을 수 있다.

'욕구와 대응 전략' 면에서 스스로를 가족 중에서 인정받고 있지 않다고 느끼는 아이라면 인정받기 위해 그런 행동을 했을 가능성이 있다.

'습관' 측면에서 분석한다면 그동안 부모가 자주 아이 물건을 허락 없이 사용했다면, 자기도 그렇게 해도 된다고 생각해 부모 물건을 허락 없이 만졌을 것이다. 또 그동안에 말없이 집을 나갔을 때 부모가 아무 소리도 하지 않았다면 이번에도 '습관'처럼 외출을 했을 가능성이 높다. 그런데 부모가 화를 내고 야단을 쳤다면 오히려 의아해 할 수도 있다.

이와 같이 아이의 입장에서 생각해 보면 여러 가지 원인으로 허락받지 않고 집을 나가거나 부모의 물건을 만졌을 수 있다.

이럴 때 부모가 아이의 입장에서 이해하지 못하고 앞에서 말한 것처럼 '분명히 나쁜 짓인지 알 텐데도 이런 일을 하고 있구나'라고 속단을 하든지, '네가 이러면 나는 정말 싫다'라는 편견을 가지든지, '진짜 이 녀석이 내 말을 안 듣네'라고 과장하게 된다면 아이가 일부러 나쁜 행동을 한다고 생각해 화를 내게 된다.

'왜'라는 질문보다 '무엇때문에'라고 질문하라

조용히 아이를 불러서 물어보자. 이때는 "왜 그랬어?"라고 하지 말고 "무엇 때문에 그랬어?"라고 질문을 해야 한다. "왜?"라고 묻는 순간 아이는 위축되고 부모는 나를 이해해 주지 못한다는 느낌을 받아 마음의 문을 닫아 버린다. "무엇 때문에?"라고 질문하면 아이는 "그렇게 해도 되는 줄 알았어요"라거나 "깜빡 잊었어요" 또는 "지난번에 아빠도 제 물건을 말 안 하고 가져가서요"라는 등의 이야기를 할 것이다. 그렇게 하면 화를 낼 일도 없어진다.

아이의 입장에서 공감하고 이해해 보자. 내 아이의 기질이 그런 아이라고 생각한다면 화를 내도 소용없다는 걸 우리는 안다. 아이의 발달 단계가 독립성을 가지고 자율권을 가지는 단계라면 얼마든지 그런 행동이 이해가 간다. 내가 알지 못했던 아이만의 욕구가 내재되어 있는 것이라면 동생만 예뻐하지 않았는지 반성해 보자. 만일 내 행동을 따라 한 것이라면 가슴을 치고 통곡해야 한다.

"왜?"라는 질문보다는 "무엇 때문에?"라는 공감 대화 질문을 통해서 아이의 입장을 공감하고 이해하자. 그렇게 한다면 우리의 입에서는 화를 내는 말 대신에 "그런 줄도 모르고 우리가 오해했구나, 미안해"라는 사과의 말이 나올 것이다.

오늘은 축 늘어진 아이의 어깨를 보듬어 안고 울어 보자.

"네 탓이 아니라 내 탓이다."

☞ 이기는 부모 훈련

아이가 잘못을 했을 때, '왜?'가 아니라 '무엇 때문에' 그런 행동을 했는지 물으면 화낼 일이 거의 없다.

4장

어떤 상황에서든 통하는
훈육의 절대 원칙

01

아이는 눈치 백단,
부지런히 징계하라

어떤 상황에서도 통하는 훈육의 절대 원칙 중 첫 번째는 아이가 귀할수록 엄하게 훈육하라는 것이다. 제대로 된 통제를 받지 않고 자란 아이는 가정에서도 사회에서도 많은 문제를 일으킨다.

선생님, 우리 아이 좀 많이 때려 주십시오

나는 지금까지 딱 1년의 육아 휴직을 빼고는 30년 동안 아이들만 가르쳐 왔다. 그동안 교육 환경은 아주 많이 바뀌었다. 기껏해야 녹음기와 교탁, 칠판이 교구의 전부였던 교실에는 전자칠판, 냉난방기, 칫솔 살균기 및 공기정화기에 이르기까지 세계인들도 부러워할 만큼 교육 인프라가 잘 갖추어져 있다. 또, 학습에 필요한 대부분의 준비물은 학교 예산으로 구입해 제공하고 있고(이 때문에 학교 앞의 그 많던 문방구들이 거의 사라졌다) 초중고 모든 학교에 급식이 시작되

이기는 부모

면서 학부모들의 도시락 부담은 완전히 없어졌다.

변한 것은 이런 하드웨어만이 아니다. 처음 담임을 했던 아이들은 한 반에 오십 명이 넘었는데, 지금은 스무 명 조금 넘는 아이들을 가르치고 있으니 거의 절반은 줄어든 셈이다. 그때는 교실도 모자라 저학년은 한 교실에서 오전반, 오후반을 나누어서 가르쳐야 했다. 부모님들도 일주일은 아침 8시 30분에, 다음 일주일은 12시 30분에 아이들을 등교시켜야 했는데 돌이켜 보면 웃음이 난다. 오십 명이 넘는 아이들이 줄 서서 기다리는 복도를 상상해 보라. 비라도 오는 날이면 그야말로 복도는 북새통이었다. 신발장엔 오전반 아이들의 신발이 들어 있으니 오후반 아이들은 비에 젖은 신발과 우산을 무거운 가방과 함께 양손에 들고 기다려야 했다. 그렇게 수백 명의 아이들이 오전과 오후로 교대하며 드나들어도 사고 한 번 나지 않았으니 그야말로 기적의 시간을 지나온 것이 아닐 수 없다.

지금처럼 학부모 상담 주간도 없고, 상담하러 오는 학부형도 거의 없었을 뿐만 아니라 상담할 교실도 없었다. 공개 수업이란 것도 생긴 지 얼마 되지 않았으니 학부모 얼굴을 보는 일은 그리 많지 않았다. 가을 운동회를 할 때쯤에야 부모님 얼굴을 아이와 연결 짓게 되었다.

그때는 할머니 할아버지를 포함한 온 가족이 운동회를 보러 왔고, 오후 늦게까지 이어달리기를 비롯한 프로그램이 있었다. 선생님들은 점심시간이 되면 혹시라도 도시락을 싸 오지 못한 아이들이 있는지 살피기 위해 교내를 한 바퀴 돌았다. 나무그늘이나 잔디 화단에 자리를 펴고 가족끼리 둘러앉아 집에서 싸 온 음식을 먹다 담임인 나를 보면 대부분의 부모님들이 벌떡 일어나 이렇게 말씀하시곤 했다.

"선생님, 우리 아이 좀 많이 때려 주십시오."

그 한마디에 감춰진 부모의 마음을 나는 안다. 어떤 부모인들 자식이 선생님에게 매 맞는 게 기분 좋을 수가 있을까. 그럼에도 불구하고 1년에 얼굴 한 번 볼까 말까 한 선생님을 보자마자 좀 많이 때려 달라고 하는 것은 정말 귀한 자식이니 매를 때려서라도 잘못된 길 가지 않도록 해 달라는 간절함이 담긴 말이다.

우리 속담에 "귀한 자식 매 한 대 더 때리고, 미운 자식 떡 하나 더 준다"라는 말이 있다. 하나도 틀린 말이 아니다. 그렇다고 부모 자식 간 상호 신뢰가 쌓이지 않은 상태의 매(폭력)를 정당화하려는 말은 더더욱 아니다. 귀한 자식은 매를 때려서라도 잘못을 고쳐 줘서 바른 길을 가게 하고, 미운 자식은 미울수록 더 정답게 대해야 미워하는 마음이 가신다는 뜻이다. 진짜 자식을 아끼고 사랑하는 부모라면 부지런히 징계한다. 과연 어떤 게 진짜 자녀를 위하는 것일까?

아이들은 눈치 백단

외식하러 식당에 가 보면 심하게 장난치는 아이들을 볼 수 있다. 가끔씩은 유리창 안전바에 매달리는 아이들도 있는데, 식당이 아니라 아예 밥 먹는 놀이터가 되어 있다. 종업원들이 이리저리 피해 가며 음식을 나르면 뜨거운 걸 쏟을까 봐 염려도 되는데 주인이건 손님이건 말을 할 수가 없다. 괜히 나섰다가 "당신이 뭔데 참견이냐?" 라는 말이라도 듣는다면 외식하러 왔다가 기분만 상하고 돌아갈 수 도 있기 때문이다. 이리저리 눈치를 주어도 적극적으로 말리는 부모 는 찾기 힘들다.

요즘 부모들은 아이를 꾸짖으면 기를 죽인다는 생각을 하는 경우 가 있다. 한번은 지하철 역사에서 앞을 보지 않고 뛰어다니던 아이 가 캐리어를 끌던 중년 아주머니와 부딪친 일이 있었다. 사람이 많은 데서 뛰면 다칠 수도 있으니까 조심해야 된다고 말하는 중에 아이의 엄마가 왔는데 대뜸 "당신이 뭔데 내 아이한테 이래라 저래라 하느 냐?"라고 삿대질을 했다. 주위에 있던 모든 사람들의 눈살이 찌푸려 졌다. 엄마는 그렇게 하는 게 아이를 기죽이지 않는 것인 줄 알았나 보다. 진짜 자식을 아끼는 부모라면 도덕적 규범이나 사회 규칙들을 누구보다도 잘 지키도록 엄하게 훈육해야 한다.

몇 년 전 프랑스식 육아법이 화제가 되었다. 프랑스 부모들은 "아 이를 왕처럼 키우시네요"라는 말을 큰 치욕으로 여긴다고 한다. 제 맘대로 하는 아이를 "앙팡 루아(enfant roi, 왕 아이)"라고 부르는 단어 가 있을 정도다. 우리가 아는 프랑스 사람들은 모든 면에서 개방적 이고, 개인의 자유를 최고의 덕목으로 여기기 때문에 자율성을 기르 기 위해서는 모든 것을 묵인하고 받아줄 것 같은데 절대로 그렇지 않다. 아이가 일정한 틀을 벗어나면 엄격하게 훈육한다. '아탕(Attend, 기다려)'이라는 말은 프랑스 육아를 한마디로 나타내는 상징이다. 예의 바르게 행동하지 못할 때, 떼를 쓸 때 프랑스 부모들은 단호하게 아이의 어깨를 잡고 부엉이 눈을 하면서 낮은 목소리로 이야기한다.

"아탕!"

아이에게도 선악을 분별하는 양심이 있고, 해도 되는 일과 해서는 안 되는 일을 구별하는 지혜가 있다. 아이들은 아주 영리하게 부모의 반응을 봐 가며 다음 행동을 결정한다.

우리 집 둘째는 계산이 아주 빨랐다. 집에 손님이 오면 소파에 얌전하게 앉아 있곤 했는데 그 모습을 본 손님들이 기특하다며 머리를 쓰다듬고 용돈을 주었다. 그런 일을 몇 번 경험한 아이는 절대로 손님이 오면 밖에 나가지 않았다. 형은 복도에 나가 놀기도 하고 친구 집에 가기도 했지만, 용돈 맛을 본 둘째는 절대 그러질 않았다. 그야말로 눈치가 백단이었다.

이와 같이 눈치 백단인 아이들은 부모가 단호하게 제지하는 행동에 대해서는 몇 번 시도해 보다가 허용되지 않는다는 걸 알게 되면 더는 고집을 부리지 않는다. 진짜 자식을 사랑한다면 맘대로 행동하게 내버려 두어서는 안 된다. 귀한 자식일수록 도덕적 규율이나 규칙은 엄하게 가르쳐야 한다. 그런 아이가 어디를 가도 사랑받는다.

이기는 부모 훈련
아이는 눈치 백단, 정말 사랑한다면 부지런히 징계하라.

02
더 많은 스킨십으로
두뇌와 정서를 발달시켜라

앞에서 우리는 아이가 소중할수록 더 엄격하게 규율을 지키도록 가르쳐야 한다는 것을 알게 되었다. 그러나 과도한 통제나 억압은 아이의 내면에 상처를 입힌다. 이 상처는 강한 생명력을 가지고 있어 깊이 뿌리를 내리고 아이와 함께 성장해 가다 외부로부터 적절치 못한 자극을 받으면 본색을 드러내며 다른 이에게 상처를 준다. 별것도 아닌 일에 신경질을 내거나 욱하는 사람의 대부분은 어렸을 때의 상처가 숨어 있다. 이를 심리학 용어로 '트라우마'라고 부른다. 생각 없이 던진 말에 예민한 반응을 보이는 사람들이 바로 그런 류다. 이는 친구가 반갑다며 팔을 툭 쳤을 때 내 상처 때문에 자지러지게 비명을 지르는 것과 같다. 이처럼 내면의 상처는 감정이나 욕구 표현에 왜곡을 일으켜 타인과의 관계에 문제를 가져온다. 양육자의 과잉 통제가 아이의 전 일생에 걸쳐서 부정적인 영향을 미치게 되는 것이다.

어떤 상황에서도 통하는 훈육의 절대 원칙 두 번째는 더 많은 터치로 아이들의 두뇌와 정서를 발달시켜주라는 것이다.

제2의 뇌, 피부 접촉을 많이 하라

모든 부모들은 아이가 지적 호기심이 풍부하기를 원한다. 그래서 아이의 두뇌를 발달시키는 것이라면 시간과 돈을 아까워하지 않는다. 고액의 영어 유치원에 번호표를 받으며 밤을 새는 극성은 우리나라에만 있다. 그러나 연구에 의하면 부모가 어린아이한테 줄 수 있는 최고의 두뇌 자극은 피부 접촉이라고 한다. 아이와 눈을 맞추며 안아 주고, 토닥여 주고, 귀를 만져 주거나 머리를 쓰다듬는 '터치'를 통해 아이는 정서적 안정감을 느낀다. 이 안정감은 두뇌 세포를 자극하고, 애착 부위의 뇌를 활성화시켜 앞에서 말한 두뇌 폭풍(에피지놈)을 일으킨다. 성장 과정에서 적절한 애착이 이루어질 때 뇌세포가 활성화되는 것은 양전자 단층 촬영을 통해서도 밝혀진바 있다.

의학자들은 피부를 제2의 뇌라고 부른다. 피부는 모태에서 처음 만들어질 때 뇌와 같이 외배엽에서 나와 발달하기 때문에 뇌와 형제지간이다. 피부와 뇌는 풍부한 신경 회로로 연결되어 정보를 주고받기 때문에 아주 약한 피부 자극도 뇌에 잘 전달된다고 한다. 그렇기 때문에 아이를 더 많이 안아 주고 쓰다듬어 주는 것은 감각 기관을 발달시킬 뿐만 아니라 두뇌를 자극하여 뇌신경 세포를 활성화하는 최고의 방법이다. 피부 접촉을 경험하는 순간, 아이의 뇌에선 엔도르

편과 옥시토신이 분비된다. 이 호르몬들은 다시 아이에게 안정감을 주어 낯선 환경에도 도전할 수 있는 자신감을 준다. 부모로부터 사랑을 받은 아이들이 세상을 두려워하지 않는 이유다.

어른들도 마찬가지다. 수술을 앞두고 있는 환자는 보호자나 간호사가 손을 꼭 잡아 줄 때 긴장이 풀리고 마음이 안정되어 두려움이 사라진다. 부부 간에도 적절한 스킨십이 있어야 신뢰 관계가 유지된다. 해외 토픽에 나오는 장수하는 부부들은 자연스럽게 손을 잡고 키스하고 있는 걸 쉽게 볼 수 있다. 이런 피부 접촉을 통한 내면의 안정감은 다른 사람들과의 관계도 원활하게 해 주기 때문에 피부를 '사회적 기관'이라고 부르기도 한다.

터치가 아이들에게 얼마나 중요한지를 보여 주는 오래된 실험이 있다.

13세기 신성로마제국의 황제 프리드리히 2세는 동물학과 의학, 시학 등에 조예가 깊었고, 시칠리아어, 프랑스어, 독일어 등의 언어 구사 능력이 뛰어났다. 학문적 탐구심이 왕성했던 그는 문득 한 가지 의문을 갖게 되었다. 갓 태어난 아기들이 어떤 언어와도 접촉하지 않고 성장한다면 어떤 언어를 말하게 될까?

그것이 궁금해진 황제는 갓난아기 여섯 명을 영아실에 넣어 놓고, 유모들에게 먹이고 재우고 씻기되 그 외의 시간에 아이를 만지거나 말을 하지 말라고 명령했다. 외부 영향을 전혀 받지 않은 상태에서 아이들이 어떤 언어를 선택하는지 궁금했던 것이다. 그는 주변 간섭

없이 아이들이 언어를 택한다면 그리스어나 라틴어를 선택할 것이라고 생각했는데 실험 결과는 황제가 기대한 것을 보여 주지 못했다. 말을 하는 아기가 하나도 없었던 것이다. 그뿐 아니라, 여섯 아기 모두 날로 쇠약해지더니 얼마 안 가 죽고 말았다고 한다.

이 실험은 '인간의 언어는 지속적인 외부 자극을 받아야 발달할 수 있다'는 예로 많이 사용되지만 동시에 아기들은 피부 접촉을 통해 생명 연장에 필요한 에너지를 공급받는다는 귀한 교훈을 우리에게 일깨워 준다.

그런가 하면 또 다른 예도 있다. 오스트리아의 정신과 의사인 르네 스피츠(Rene Spitz)는 제2차 세계대전 이후 수감자들이 낳은 아기들을 기르는 고아원에서 진료하고 연구하는 의사였다. 그는 아이들의 불행한 환경에 동정심을 느껴 깨끗한 환경을 제공하고 충분한 영양식을 제공하는 등 최선의 노력을 기울였다. 또, 외부 질병에 노출될까 봐 간호사들에게 아기를 보듬고 만지고 쓰다듬는 것도 제한했다고 한다. 그런데 아이들은 잘 울지도 않았고 울어도 힘이 없었으며, 활발하게 움직이지 못했을 뿐 아니라 머리를 흔드는 등의 이상 행동을 보이면서 죽어 갔다. 르네 스피츠와 간호사들의 온갖 노력에도 유아 사망률은 떨어지지 않았고 이유도 밝혀낼 수 없었다. 그는 이 원인 모를 병을 마라스므스(Marasmus) 병 이라 이름 지었다. 마라스므스는 희랍어로, '명확한 의학상의 이유 없이 시들다'라는 뜻이다.

그러던 어느 날, 멕시코에서 겨울 휴양을 즐기던 스피츠 박사는 우

이기는 부모

연히 놀라운 발견을 하게 된다. 휴양지 근처의 한 고아원은 위생 상태가 불량했고, 먹을 것도 충분해 보이지 않았는데 아이들의 얼굴이 밝았고, 울거나 보채지도 않았으며 이상 행동을 보이지도 않았다. 이에 흥미를 느낀 스피츠 박사는 휴양을 접고 몇 달간 그곳에 머물면서 아기들을 관찰한 후 그 이유를 발견하게 된다. 그 고아원에는 매일 이웃 여인들이 찾아와 아기들을 안아 주고, 노래를 불러 주고, 이야기를 들려주고 있었다. 여인들과의 신체 접촉을 통해 아이들은 친밀감을 형성하고 정서적 안정과 함께 건강을 유지할 수 있었던 것이다. 이후 프랑스로 돌아간 그는 8명당 1명이었던 보모의 수를 4명당 1명으로 늘리고 신체 접촉을 많이 하도록 했는데, 아이들은 이전보다 훨씬 건강해졌고 이상 행동을 보이지도 않았다. 그는 이 경험을 바탕으로 "생의 첫해(The first year of life)"라는 보고서에서 이렇게 기록하고 있다.

> "접촉을 가진 아이는 건강하게 자랐다. 그러나 늘 유모차에 실린 채 피부 접촉도 없이 자란 아이들은 점점 약해졌고 접촉 결핍 때문에 죽어갔다."

아이들의 호연지기, 엄마 등 뒤에서 나온다

예전에는 엄마나 할머니가 포대기로 아이를 등에 업어 키웠다. 이런 밀착감은 안정감을 주고, 높은 시야로 세상을 내려다보며 호연지기를 기르게 해 준다. 업혀 있을 땐 아무리 무서운 개가 지나가도 걱정이 없다는 걸 알기에 아이는 오히려 눈을 동그랗게 뜨고 강아지를 쳐다보며 좋아서 폴짝폴짝 뛰는 것이다.

지금은 수백만 원에 이르는 유모차와 신기한 장난감, 아이를 대상으로 한 태블릿 PC나 휴대폰 등으로 육체적으로는 양육하기가 수월하게 됐는지 몰라도 신체 접촉은 많이 줄었다. 사회학자들은 그 결과로 많은 문제가 발생한다고 한다. 길 가는 사람에게 아무런 이유 없이 폭력을 행사하는 것도 그중 하나일 수 있다.

마흔아홉 개의 원시 부족 사회를 연구한 학자 제임스 프레스콧은 폭력이 빈번한 사회와 그렇지 않은 사회의 결정적인 차이점을 이렇게 말한다.

"아이들에 대한 스킨십이 일상화되어 있는 사회일수록 전반적인 폭력 수준이 낮다."

부족함 없는 물질적 환경보다 따뜻한 포옹과 격려로 더 많이 쓰다듬어 주는 게 아이를 행복하게 하고 사회를 밝게 한다.

유대인의 지혜는 이렇게 말한다.

"오른손으로 벌을 주고 왼손으로 껴안아라."

🚩 이기는 부모 훈련

부족함 없는 스킨십이 아이의 두뇌를 발달시킨다. 더 많이 안아 주고 더 많이 쓰다듬어 주라.

03
마법의 스티커로
아이의 의욕을 향상시켜라

아이들 중에는 무엇을 해도 "저요, 저요!" 하면서 적극적으로 나서는 아이가 있는가 하면 어떤 것도 하지 않으려는 아이도 있다. 아이가 후자라면 어떻게 아이의 탐구심을 살려야 할지 선생이나 부모에게 늘 고민거리다.

배움의 기쁨을 알아 가는 아이는
학교에서의 모든 생활이 즐겁다

지금도 잊히지 않는 아이가 있다. 엄마는 결혼 이주 여성이었고, 연년생 남자아이 둘을 낳았다. 생활 적응도 힘들고 남편의 협조도 얻기 힘들었던 엄마는 여러 차례 본국에 돌아갔다가 다시 오기도 해서 아이들은 겨우 한글을 읽는 정도의 수준으로 입학을 했다.

그런데도 형제는 무척 밝아 항상 반갑게 배꼽인사를 했고, 우유

하나를 마셔도 "아, 맛있어!"를 추임새처럼 달고 살았다. 배움이라고는 학교가 처음이라 모든 교과 시간에 만나는 주제들은 신기하기만 했다.

"아, 재밌다. 세상에 이런 것도 있어."

한번은 전래동요 〈까치야 까치야〉를 가르치면서 옛날에는 치아가 흔들리면 무명실을 치아에 묶어 뽑은 뒤 그 이를 초가지붕에 앉아 있는 새에게 던지면서 그 노래를 불렀다고 얘기했더니 아이가 갑자기 앞으로 걸어 나왔다.

"선생님, 제 이 좀 뽑아 주세요."

며칠 전부터 흔들렸지만 겁이 나서 병원에 가지 못했다며 앞니를 뽑아 달라고 했다. 서랍에서 실을 꺼내 앞니에 여러 번 감고 오른손으로 잡았다. "하나 둘 셋!" 아이들의 외침과 동시에 왼손을 이마에 딱! 쳤더니 앞니가 쑥 빠졌다. 한 손으로 화장지를 입에 대고, 다른 한 손으로 빠진 이를 들고 있던 아이가 외쳤던 한마디.

"선생님, 저는 학교가 정말 좋아요."

배움의 기쁨을 알아 가는 아이는 학교에서의 모든 순간이 즐겁다.

그렇지만 이런 아이만 있는 것이 아니다. 무엇이든지 의욕이 없는 아이들이 점점 많아지고 있다는 게 선생인 나는 정말 슬프다. 육아도 마찬가지다. 의욕이 없는 아이를 끌어당기면서 제대로 교육하기는 힘들다. 하지만 방법은 있다. 바로 칭찬 스티커다.

칭찬 스티커의 마법

사람의 행동을 변화시키는 동력을 일컬어 '동기(motivation)'라고 부른다. 동기에는 '외적 동기'와 '내적 동기'가 있다. 자발적 내적 동기가 더 낫기는 하지만 처음부터 아이들에게 그런 의지를 기대하기는 힘들다. 그래서 사용하는 것이 외적 동기 강화 방법인 스티커다.

예를 들어 가지고 논 장난감을 잘 정리하지 않는 아이에게 "장난감을 잘 정리하면 칭찬 스티커를 줄 거야"라고 외적 동기를 부여하면 아이들은 그것을 잘해내려고 노력을 하게 된다. 그 과정에서 아이는 스티커와 함께 '칭찬'을 듣게 되는데, 이것이 놀라운 효과를 발휘한다. 처음에는 스티커를 받으려고 장난감 정리를 했던 아이가 스티커와 함께 부모의 격려가 반복되면 그것이 동력이 되어 지속적으로 장난감을 정리하는 좋은 습관을 가지게 된다. 이런 습관을 반복하면 아이는 자신이 정리해 놓은 것을 보며 뿌듯함을 느낀다. 그때부터는 스티커를 주지 않아도 물건 정리를 잘하게 된다. 외적 동기가 내적 동기로 전환되는 것이다.

그러면 많은 학부모들이 묻는다.

"선생님, 저도 해 봤는데 우리 애는 그것도 싫어해요."

칭찬 스티커가 좋은 줄은 알겠는데 아이가 싫어해서 할 수 없다는 얘기다. 이 경우는 대부분 아이가 도달할 수 없는 목표를 세워 놓았을 때 나타나는 현상이다. 예를 들면 받아쓰기를 30점 받아 오는 아이에게 100점을 받아 오면 스티커를 준다고 하는 경우가 여기에 해

당된다. 그러면 아이는 능력 밖이라고 생각하고 아예 도전해 볼 생각조차 하지 않는다. 그렇기 때문에 도달 행동 목표를 정할 때에는 아이와 의논해야 한다. 처음엔 어려운 목표보다는 스스로 세수하면 1개, 이 닦으면 1개, 일기장을 혼자서 썼다면 1개 이런 식으로 시작할 수 있다. 실천하기 쉬우면서도 아직 제대로 하지 못하는 행동에 대해 보상해 주는 것이다. 그런 다음 차츰 난이도를 높여 가면 아주 효과가 있는 것이 칭찬 스티커다. 아이가 어리다면 자주 보상을 주는 것이 좋고, 고학년이라면 이삼 일에 한 번 주는 것도 효과적이다. 또한 보상은 반드시 행동한 즉시 주어져야 한다. 그래야 아이는 기대감을 갖고 행동에 옮기기 때문이다.

아이와의 약속은 반드시, 그리고 즉시 지켜라

남편이 단골로 얘기하는 학창 시절 에피소드가 있다.

남편은 스스로 말하기를 자신은 공부를 썩 잘하지 못했는데 중학교 때 담임 선생님이 전교 1등을 하면 축구공을 사 주겠다고 공표를 한 적이 있다고 했다. 축구라면 자다가도 뛰어나가던 남편에게 '축구공'은 그야말로 최고의 동기 유발이 되었던 것이다. 형제가 여섯이나 되는 가난한 집에서 부모님께 축구공 사 달라는 호사스런 말을 할 수 없었던 남편은 그야말로 정말 혼신의 힘을 다해 공부를 했다. 그 간절한 기대와 소망을 하늘도 알았는지 기적처럼 전교 1등을 했고, 축구공을 받는다는 기대감으로 하루하루를 보냈다. 그런데 선생님은 며칠이 지나도 아무런 말이 없었다. 다른 아이들 같았으면 왜 안 사 주냐고 말이라도 했을 법한데, 내성적인 남편은 말도 못한 채 속앓이만 했다. 선생님이 잊어버리신 것인지, 그냥 공부 좀 열심히 해 보라고 던진 공약(公約)이었는지 모르지만 결국 축구공은 그야말로 공약(空約)이 되고 말았다. 그 후로 남편은 선생님을 못 믿었을 뿐 아니라 공부와도 담을 쌓았다고 한다.

"아이와 약속을 했으면 반드시, 그리고 즉시 지켜야 한다."

남편이 아이와 한 약속을 꼭 지키는 데는 그런 사연이 있었고, 이는 지금도 우리 집의 절대 원칙이 되고 있다.

스티커는 아낌없이 주라

앞에서 말한 바와 같이 목표를 정할 때는 반드시 아이가 쉽게 도전할 수 있는 것에서 시작해야 한다. 그리고 행동을 어떻게 해야 하는지에 대한 정확한 설명이 있어야 아이와의 갈등이 생기지 않는다. 예를 들면 '책상 정리'를 잘하면 스티커를 주겠다고 해서 아이는 최선을 다해 책상을 정리해 놓았는데, 엄마가 '서랍 정리' 안 했다고 못 주겠다고 하면 아이는 좌절하고 '그까짓 거 안 받고 말지'라고 생각할 수 있다. 좀 허술하게 보여도 아이가 노력한 흔적이 보일 때는 모른 척하고 아낌없이 스티커를 주어야 한다.

그리고 스티커를 줄 때는 부정적 행동보다 긍정적 행동에 대해 보상을 해 주는 것이 훨씬 효과적이다. '방을 어질러 놓지 않으면'보다는 '침대가 잘 정리되어 있다면'이 더 좋은 스티커 항목이 되어야 한다는 뜻이다.

기억하라. 아이마다 다른 노력표를 가지고, 즉시, 그리고 긍정적 행동에 대해 스티커가 주어질 때 아이의 행동은 마법같이 바뀐다. 놀랍게도 중고등학생들조차도 스티커 하나, 사탕 하나에 목숨을 건다.

☞ 이기는 부모 훈련

중고등학생에게도 통하는 마법의 스티커 활용법

1. 아이가 도달할 수 있는 목표(노력표)를 함께 정하라.

2. 스티커를 아끼지 마라.

3. '동생과 싸우지 않으면'이 아니라 '동생과 사이좋게 지내면'이 더 좋은 스티커 수여 항목이다.

04
아이가 당황할 땐
방향만 알려주라

특별한 성인식

아프리카의 어느 부족은 특별한 성인식을 치른다고 한다.

성인식을 치를 나이가 되면 아버지는 아들을 데리고 정글 깊숙이 들어가서 "여기서 너 혼자 밤을 지내고 숲을 나오면 어른이 된다"라고 말한 뒤 숲을 나온다. 주변은 점점 어두워져 오고, 멀지 않은 곳에서 짐승의 울부짖는 소리가 들린다. 겁에 질린 아이는 주변을 더듬어 몽둥이 하나를 움켜쥐고 맹수의 울음소리가 나는 곳을 향해 몸을 낮춘다. 바로 그때 방향을 알 수 없는 곳에서 획 하고 달려드는 맹수를 향해 힘껏 몽둥이를 휘둘러 본다. 역부족이다. 이제는 꼼짝없이 죽는구나 하고 안간힘을 써 보는데 갑자기 넝치 큰 녀석이 옆으로 풀썩 나뒹군다. 주변을 둘러봐도 아무도 없다. 그 후에도 아들은 이 깊은 정글까지 들어와 자신을 혼자 내버려 두고 떠난 아버지를 원망하며 새벽이 오기만을 기다린다. 긴 밤이 지나고 핏발 서린 눈으로 빽빽이 들어선 나무들 사이로 천천히 퍼지는 새벽빛을 올려다보던 아들은 깜짝 놀란다. 그토록 원망했던 아버지가 얼마 떨어지지 않은 나무 위에서 화살을 겨눈채 주변을 살피고 있었던 것이다.

이 이야기를 읽으며 나는 부모인 내가 자식을 어떻게 길러야할지를 심각하게 고민했다. 무엇을, 그리고 어디까지 해 주는 것이 진짜 아이를 사랑하는 것인가에 대한 이 질문은 아이가 대학생이 된 지금도 나에게 중요한 화두로 자리 잡고 있다. 아흔 살이 된 아버지가 일흔 살 아들과 함께 목욕탕에 들어가면서 "어른 한 명, 아이 한 명"이라고 했다는 우스개가 있는 걸 보면 자녀는 평생 부모의 어깨에서 내려놓을 수 없는 짐이다.

엄마 때문에 숙제 못 해 가면 나도 몰라

지금은 방학 과제가 많이 없어졌지만 초등학교 방학의 단골 과제는 가족 독서 신문을 만들어 가는 것이다. 큰아이가 3학년 때 여름방학 과제로 독서 신문이 나왔다. 처음부터 아이는 숙제를 해 달라고 엄마한테 졸랐다. 스스로 할 수 있는 거니까 숙제로 낸 거라고 이야기를 했지만 아이는 선생님인 엄마가 자기보다 훨씬 잘할 수 있지 않느냐며 고집을 부렸다. 차일피일 시간은 지나가고 개학날은 다가오는데 아이는 마음이 급해졌다. 자신이 어떻게 해 볼 방법은 찾지 않고 엄마만 바라보는 버릇은 고쳐야겠기에 나도 모른 척하며 또 며칠이 지났다. 모레면 개학인데 숙제를 못 한 아이는 급기야 울상이 되었다.

"엄마 때문에 숙제 못 해 가면 나도 몰라."

세상에, 숙제 못 해 가는 게 자기 잘못이지 어떻게 엄마 잘못인가. 또 한 번 큰 소리를 내고 집안이 시끄러워졌다. 막상 화를 내고 나서 곰곰이 생각해 보니 내가 잘못했다는 생각이 들었다. 아이가 숙제를 안 하겠다는 것도 아니고 방법을 몰라서 엄마한테 도움을 요청한 것인데 그것을 외면했으니.

아이를 데리고 도서관에 가서 독서 신문 샘플들이 나와 있는 책 두 권을 찾아 건네 주었더니 엄마의 화풀이 때문에 속상해 있던 아이의 얼굴에 생기가 돌았다. 잠시 두 권의 책을 비교하던 아이가 이렇게 말했다.

"엄마, 문구점에 가서 4절 도화지를 사야겠어요."

아이는 색종이와 색연필, 그리고 풀과 핑킹가위를 꺼내 거실 바닥에 늘어놓고는 신문을 어떻게 만들지 구상을 하고 종이에 자기가 읽은 책 리스트를 적더니 옆에는 표현 방법들을 하나씩 써 내려갔다. 《돼지책》은 표지 그림을 그리겠다고 했고, 《어린이를 위한 링컨》은 주인공에게 보내는 편지, 그 아래에는 독서 퀴즈를 내겠다며 자기만의 콘셉트를 잡았다. 나한테는 여름 방학에 읽은 책을 독후감으로 써 내 달라는 부탁과 함께.

나는 가만히 아이가 하는 걸 지켜만 보았고, 요구가 있을 때만 약간의 도움을 주었다. 이리 저리 궁리를 해 가며 아이가 그것을 완성

하는 데는 꼬박 하루가 걸렸다. 자신의 손으로 만들어 낸 독서 신문을 양손으로 들어 올리면서 아이가 했던 말.

"엄마, 한 번도 안 해 봐서 걱정했는데, 해 보니까 되네요."

인내 끝에 만들어 낸 작품을 보며 뿌듯해하던 아이의 웃는 표정은 내게도 시원한 사이다 한 모금처럼 가슴을 트이게 했다. 나는 정말 실수를 많이 하면서 아이를 길렀다.

아이가 당황할 땐 공감하며 방향만 알려주라

아이가 당황할 때는 공감하며 방향만 알려주라. 숙제로 콩나물 관찰 일기를 써 가야 하는데 한 번도 노력해 보지 않고 엄마에게 부탁할 때는 이렇게 말해 보라.

"숙제는 해야 하는데 방법을 몰라 힘든가 보구나. 그래도 엄마는 네가 방법을 찾을 수 있을 거라 생각해."

그래도 아이가 또 요구해 온다면 이렇게 말하면 된다.

"관찰을 하는 데는 우리 몸에 있는 것들을 먼저 사용하면 될 거야."

그래도 도저히 못하겠다고 한다면 이렇게 말하라.

"예를 들면, 눈으로 살펴보든가, 손으로 만져보든가, 아니면 코로 냄새를 맡아 본 것을 적을 수도 있고 자를 가지고 재는 방법도 있겠지?"

그렇다고 아이가 처음부터 혼자 모든 걸 완벽하게 해낼 거라고 기대해서는 안 된다. 자기 주도적 학습을 할 수 있게 한다는 이유로 아이 혼자 내버려 두고 엄마가 다른 일을 해서는 더더욱 안 된다. 그렇게 되면 아이는 스스로 할 수 없음에 좌절하거나 엄마에 대한 원망으로 시간을 보내고 과제를 해 보겠다는 도전조차 하지 않을지도 모른다.

스스로 할 수 있는 날이 온다. 아이가 당황하고 있을 땐 방향만 제시해 주라. 실패할 수도 있겠지만 또 다른 방법을 탐구해 나가는 존재, 그가 내 아이다.

🚩 **이기는 부모 훈련**

아이가 당황할 땐 방향만 알려주라.

05
아이는 저마다의
성장 프로그램을 가지고 있다

　나는 팔다리 없이 태어난 탓에 살아가는 데 애로 사항이 참으로 많다. 하지만 난 부모의 사랑과 지원 없이 자란 사람이 나보다 더 힘들 거라는 말을 자주 한다. (중략) 우리 부모님은 내게 사랑을 듬뿍 쏟아 주셨다. 그렇다고 내가 해 달라는 대로 다 해 주며 버르장머리 없게 키우셨다는 말은 아니다. 아버지가 밝히셨듯이, 할아버지와 할머니를 비롯해 다른 사람들은 어린 내가 일어서려고 낑낑거리는데도 어머니가 당장 달려와 도와주지 않는 모습에 고개를 갸웃거리곤 했다. 그럴 때마다 어머니는 이렇게 대답하셨다.

　"스스로 하게 놔두세요. 혼자 하는 법을 배워야 해요."

　솔직히 서운하고 힘들 때도 많았다. 특히 부모님이 나도 동생들처럼 방을 청소하고 이부자리를 정리해야 용돈을 주겠다고 하셨을 때는 너무 속상해서 눈물이 왈칵 쏟아졌다.

　　　　　　　　　　　　　　　　　　　　　　　이기는 부모

그러나 이제는 두 분이 정말 좋은 부모였다는 것을 잘 안다. 두 분은 우리 삼남매에게 강한 노동 윤리와 책임감, 그리고 믿음의 기초를 심어 주기 위해 무척 애쓰셨다. 또한 내게 한계란 없다는 말씀을 거의 매일같이 해 주셨다.

"닉, 팔다리는 없어도 네가 원하는 건 뭐든 할 수 있단다."

기다림, 모든 아이들을 양육하는 부모가 가져야 할 자세

팔다리 없이 태어났지만 전 세계인에게 희망을 전하는 닉 부이치치가 그의 아버지 보리스 부이치치가 쓴 《완전하지 않아도 충분히 완벽한》이라는 책에 써 놓은 고백이다. 해표지증(팔과 다리가 없거나 극히 짧은 증상)을 가지고 아이가 태어나는 걸 원하는 사람은 아무도 없을 것이다. 닉이 태어났을 때 간호사들은 모두 울었고 아버지는 나지막이 신음소리를 냈다. 어머니가 임신을 했을 때 술을 마신 것도 아니었다. 낙심한 닉의 어머니는 그런 아이를 보고 싶지 않다고 데리고 나가 달라고 했을 정도였다.

하지만 기독교인이었던 닉의 아버지는 "아들은 하나님의 실수로 태어난 게 아니고, 우리의 잘못도 아니다. 분명히 저 아이를 향한 뜻이 있을 것이다"라며 끊임없이 아내를 설득했고, 4개월 후가 되어서야 어머니는 아들을 받아들였다고 한다. 닉은 조부모를 비롯한 모든 주변 사람들의 측은히 여기는 눈빛을 받으면서 자랐지만 아버지와 어머니는 달랐다.

"의사들이 길이 없다고 할 때마다 닉은 매번 자신만의 길을 찾아냈다. 팔다리 없는 닉을 일으켜 붙잡아 주면 아이는 몸을 이리저리 비틀어 빠져나간 뒤 스스로 앉은 자세를 유지해 보였다. 그러고 나서 녀석이 뿌듯한 표정을 지으면 우리는 열광적인 박수를 보냈다."

닉의 부모가 아들에게 해 준 모든 행위는 스스로 해낼 수 있도록 기다려 주는 것이었다.

속도는 다르지만 수천 번의 실패를 딛고
기어코 일어서는 아이들

유대인의 속담에는 "100명의 유대인이 있다면 100개의 의견이 있다"라는 말이 있다. 모든 인간은 저마다의 개성이 있다는 뜻이다. 똑같은 것을 가르쳐도 아이마다 배우는 방식이 다르고, 내재된 성장 프로그램도 다르다. 문제 상황이 닥치면 아이는 자신만의 해법을 찾는다. 포기하지 않는다. 아이의 성장 과정을 자세히 살펴보라. 모든 아이들이 같은 속도로 성장하지는 않지만, 수천 번 실패해도 기어코 뒤집기를 하고, 기고, 앉고, 일어나 걷고 뛰는 과업을 완수해 내지 않는가!

큰아이는 뒤집기 후에 무릎으로 기는 과정 없이 바로 앉았다. 그 다음엔 소파를 잡고 한 걸음 두 걸음 걷기 시작하더니 여느 아이들처럼 걷기 시작했다. 둘째도 그럴 줄 알았더니 녀석은 성질이 급했다. 충분히 걸을 수 있게 되었을 때도 멀리서 부르면 서 있다가도 납작 엎드려 순식간에 기어 왔다. 충분히 걸을 줄 아는데 우당탕탕 소리를 내면서 무릎으로 기어가 공을 잡는 아이를 보며 얼마나 웃었는지 모른다. 덕분에 팔꿈치와 무릎에 성한 곳이라곤 하나도 없었다.

아이들은 굳이 가르쳐 주지 않아도 의자나 벽을 잡고 일어서고, 소파에서 이리저리 궁리하며 바닥으로 내려오기도 한다. 알려주어서 그러는 게 아니라 스스로 알아내는 것이다.

아이들은 스스로 방법을 찾아낸다

나도 어렸을 때의 선명한 기억이 하나 있다. 네 살짜리가 대청마루에서 댓돌까지 내려오는 일은 쉽지 않았다. 어쩌다 용감하게 내려가 보려고 하면 마당에서 놀던 언니들이 잽싸게 달려와 덥석 보듬어 마당에 내려놓곤 했다. 나도 언젠가 언니들처럼 반드시 혼자 힘으로 내려가 봐야지 했는데 기회는 없었다. 밭일 나간 부모님을 대신해 집에서 나를 돌봐야 하는 책임을 맡은 언니들은 그런 위험해 보이는 행동을 가만 놔두지 않았다.

그러던 어느 여름날, 대청마루에서 깜빡 잠이 들었다. 늘 짜증 부리는 막내를 봐야 하는 언니들은 내가 잠든 걸 보고 잠시 사립 밖에서 친구들과 소꿉놀이를 하고 있었다. 처마 밑으로 들어온 오후 햇살에 얼굴을 찡그리며 일어나 보니 아무도 없었다. 보통 때 같으면 징징대며 울었을 텐데 가만 보니 절호의 기회였다. 언니들이 없을 때 대청마루를 혼자 힘으로 내려가 보는 거다. 엎드려서 아래를 내려다보니 충분히 내려갈 수 있을 것 같았다. 댓돌까지 발을 내리면 문제가 없다. 배를 깔고 두 다리를 살그머니 댓돌이 있음직한 위치로 내려 보았다. 발이 닿지 않았다. 다시 조금 더 배를 마루 끝으로 밀고 나가 두 발을 요리 조리 움직여 보았다. 그래도 발끝에 닿는 것은 없었다. 할 수 없이 두 다리를 마루에 올리고는 엎드려 아래를 내려다보았다. 분명히 될 것 같은데 왜 닿지 않는 걸까?

요리조리 궁리하고 있는데 가만 보니 마루 한가운데 기둥이 있었다. '맞아! 저걸 잡고 내려가면 되겠다.' 조심스럽게 왼손으로 기둥을 잡고 두 다리를 내리려니 겁이 났다. 안되겠다 싶어 다시 몸을 돌려 이번에는 오른손으로 기둥을 잡고 엎드려 엉덩이를 뒤로 살살 뺀 후 기둥을 따라 발을 내려 보았다. 한 번 두 번 거듭할수록 발에 뭔가가 닿는 느낌이 났고, 마침내 기둥 받침에 오른발이 닿았다. 한 발을 온전히 딛고 나니 왼발을 내리는 것은 문제도 아니었다.

"이야!!!!!!!!"

댓돌 위 검정 고무신을 신지도 않고 마당을 달려 나가며 고함을 질렀더니 밖에서 놀던 언니들이 한걸음에 뛰어 왔다. 보란 듯이 얼굴 가득 뿌듯함을 안고 마당 한가운데서 웃고 있는 나를 보던 둘째 언니가 달려오며 하는 말.

"아니, 얘가. 떨어지면 어쩌려고."

그날 나는 언니들한테 얼마나 맞았는지 모른다. 일 나가던 부모님이 동생 단단히 보라며 알사탕까지 주고 가셨는데 언니가 둘씩이나 있으면서 동생 하나 제대로 보지 못해 굴러 떨어지기라도 했다

이기는 부모

면……. 생각만 해도 가슴이 철렁했던 언니들은 볼기가 빨개지도록 나를 때리고 또 때렸다. 엉덩이는 아팠지만 나는 해냈다는 기쁨에 하나도 아프지 않았다.

"기둥 잡고 내려오니 되던데?"

그날 나는 눈치 없이 배실배실 웃기만 하다 맞지 않아도 될 매를 몇 대 더 맞기도 했지만 이후로 언니들은 마당에서 놀다 동생 내려준다고 대청마루로 뛰어오는 고생은 하지 않아도 되었다.

그렇다. 아이들은 부모인 우리가 굳이 애를 써서 기르지 않아도, 심지어 화까지 내며 조바심치지 않아도 저마다의 방식으로 배워 나간다. 아이는 저마다의 발달 단계가 있다는 뜻이다. 부모나 선생인 우리에게 요구되는 게 있다면 오직 하나, 인내뿐이다.

🚩 이기는 부모 훈련

아이는 저마다의 성장 프로그램을 가지고 태어난다.

06
실수를 통해
아이를 이해하라

문명은 대부분 실수를 통해 발전한다

인류는 과학자들의 실수를 통해 문명을 누리고 있다는 말이 있다.

어렸을 때 어머니는 항상 새벽 일찍 일어나 동네 우물에 물을 길러 가셨다. 안 그래도 작았던 어머니의 키는 항상 머리에 이고 다녀야 했던 물 항아리 때문에 더 작아졌고, 정수리는 원형 탈모가 되어 있었다. 어쩌다 아버지가 기분이 좋은 날은 양철로 된 물지게로 물을 길어다 주시기도 했지만, 좌우 균형을 맞추지 못하는 오빠들은 집에 도착하기도 전에 물통이 절반 이상 비어 있기 예사였다. 지금 생각하면 어떻게 그 무거운 물 항아리를 이고 다니셨는지 상상이 되지 않을 정도다.

그런 어머니의 고생은 읍내에 장을 보러 나간 아버지가 흰색의 네모난 물건을 사 오셨던 그날로 끝이 났다. 모든 식구들이 마당에 나

이기는 부모

와 집어 던져도 깨지지 않는 플라스틱 물통을 보며 신기해서 요리조리 살펴봤던 때가 그리 먼 과거도 아니다. 플라스틱의 발명은 그동안 인류가 살아 왔던 모든 삶의 방식들을 바꿔 버렸다. 지금은 건강을 위협하는 환경 문제의 주범으로 재조명되기도 하는 이 플라스틱은 일본 과학자 시라카와 히데키(白川英樹) 교수의 실험실에 있던 대학원생의 실수로 인해 만들어졌다. 1970년대 초에 유기고분자 합성 실험을 하던 한 대학원생이 촉매제를 기준량의 1,000배나 되는 더 첨가해 버리는 실수를 저질렀다. 그런데 거기서 은색의 광택을 내는 박막이 만들어진 것을 히데키 교수가 발견했고, 이것이 플라스틱의 발명으로 이어졌다고 한다.

그뿐만이 아니다. 100여 년이 넘는 역사와 전통을 자랑하는 미국의 굿이어 타이어는 최고의 드라이빙을 추구하는 사람들에게 가장 인기 있는 타이어다. 이는 고무 개발자 찰스 굿이어(Charles Goodyear)의 이름을 따서 지었다고 하는데 그 역시도 실수를 통해 위대한 발명을 한 사람이다. 고무나무의 수액을 모아서 만드는 천연 고무는 오래 전부터 알려져 있었지만 냄새가 심했고 기온이 높으면 녹아 버려 실생활에 사용하기에는 불편이 많았다. 고무에 미친 사람이라고 불릴 정도로 계속되는 실패 가운데서도 연구에만 몰두하던 굿이어는 어느 날 고무에 황을 섞어 실험을 하다가 실수로 고무 덩어리를 난로 위에 떨어뜨리고 말았다. 그런데 녹아야 할 고무가 녹지 않고 약간 그을리기만 한 것을 본 굿이어는 여기서 힌트를 얻어 천연 고무에 황을 섞어 적당한 온도와 시간으로 가열하면 고무 성능을 획기적으로 높일 수 있다는 사실을 발견했다. 계속된 연구를 통해 황을 첨가한 방법인 오늘날의 고무 가공법을 확립한 그의 발명은 타이어를 비롯한 장갑, 보트, 튜브, 아이들의 장난감 공에 이르기까지 문명의 발전에 놀라운 기여를 하고 있다.

부모의 통찰력이 아이의 재능을 꽃피운다

아이들이 하는 실수에는 여러 가지가 있다. 그렇지만 우리는 아이의 실수를 통해서 생각지도 않았던 아이의 적성을 발견해 내기도 하고, 자신의 아이가 어떤 아이인지를 더 잘 알 수 있게 되기도 한다. 플라스틱이나 타이어의 탄생이 우연이나 행운의 결과가 아니라 작은 실수를 그냥 지나쳐 버리지 않고 눈여겨본 과학자들의 예리한 통찰력이 있었기에 가능했듯이 부모들의 부단한 노력과 끈기, 통찰을 통해 아이의 실수가 위대한 재능의 발견으로 이어질 수 있다.

언니의 아들은 기계공학도다. 조카는 어렸을 때부터 블록 끼우기나 무선 자동차를 조종하는 걸 아주 좋아했다. 집에 가면 언제나 "웽웽~"하는 무선 자동차 소리가 요란해서 조용한 날이 없었다. 슈퍼마켓은 언제나 무선 자동차 건전지를 사기 위해 가는 곳이고, 식료품은 어쩌다 덤으로 사 온다고 할 정도였다. 언니 집을 방문할 때마다 무선 자동차의 종류가 달라져 있었으니 얼마나 바꿨는지 모른다. 초등학교 2학년 때, 언니가 분리수거를 하고 계단을 오르려 하는데 저만치서 아들이 주차하고 있는 승용차 옆에 서 있었다.

"이모, 후진을 할 때는 기어를 알(R)에 놓고 핸들을 반대쪽으로 돌려야 제자리로 들어가요."

주차장이 넓지 않은 옛날 아파트라 일렬 주차를 해야 하는데 낑낑거리는 이웃집 이모를 보고 하교하던 조카가 가방을 맨 채 이리저리 손 모양을 돌려 가며 주차하는 방법을 가르쳐 주고 있었던 것이다.

아이는 자동차 무선 조종이 시들해지면 그것을 해체해서 방 안 가득 늘어놓았다. 온갖 부속품들이 널브러진 방 안은 발 디딜 틈이 없고, 떨어져 나간 부속들은 식구들의 발에 밟히기도 했다. 기세 좋게 해체하기는 했지만, 대부분의 자동차들은 재조립에 실패해 망가지고 버려졌다. 많지 않은 월급을 쪼개 비싸게 산 자동차를 죄다 뜯어 놓으니 야단을 칠 만도 한데 언니와 형부는 한 번도 아이가 실수한 것에 대해 말하지 않았다. 조립에 실패한 조카가 울고 있을 때 항상 형부는 아이에게 이렇게 말했다.

"괜찮아, 지난번처럼 반드시 너는 방법을 찾아낼 거야."

그러면 아이는 눈물을 닦으며 다시 도전을 했고, 한참 있으면 외치는 소리가 들려왔다.

"엄마! 아빠! 성공했어요!"

언니와 형부가 달려가 보면 아이는 재조립에 성공한 자동차 옆에서 땀을 훔치며 웃고 있었다. 그랬던 조카는 지금 탱크와 큰 트럭, 그리고 트랙터 등의 바퀴를 설계하는 엔지니어가 되었다.

아이가 거듭되는 실패를 하더라도 기다려 주고, 격려하며 또 아이의 재능이 어디에 있는지 눈여겨 살피는 게 부모에게 필요한 지혜다. 그런데 우리는 직장을 다니고, 마트를 가고, SNS나 카톡 등으로 정신없는 일상을 살다 보면 아이들을 놓치기 쉽다. 주의 깊은 부모는 아이의 재능을 발견하기 위해 관심을 기울이고 격려하는 일에 육아의 최우선을 둔다. 많은 부모들이 자신의 재능은 물론이고 아이들의 재능이 어떤 것인지 잘 모른다. 내 경우에도 이제 와서야 내가 진짜 잘하는 것, 마음속 깊은 곳에 숨겨 두었던 버킷리스트가 뭔지를 찾아냈다.

그리고 또 부모에게 요구되는 건 아이의 실수를 허용하는 것이다. 많은 창의적인 생각들이 처음에는 말도 안 되는 것에서 출발했다. 우리가 늘 쓰고 있는 휴대폰도 선이 없는 전화기를 생각한 마틴 쿠퍼(Martin Cooper)의 엉뚱한 생각에서 나온 발명품이다. 아이가 말도 안 되는 아이디어를 낼 때에도 "쓸데없는 소리 하지 말고 공부나 해라"거나 "그건 당치도 않는 거야"라고 하지 마라. 그럴 땐 아이가 생각하는 아이디어를 충분히 실행에 옮겨 볼 수 있도록 격려해 보자.

실수를 통해 아이를 이해하라

수업 시간에 참여도 잘하고 발표도 잘해서 성적이 꽤 좋을 것 같은 아이인데도 가끔 시험 점수는 나쁠 때가 있다.

"우리 애는 설명을 해 주면 잘 이해하는 것 같은데 시험만 보면 자꾸 실수를 해요."

이런 경우는 보통 지문을 이해하지 못하는 경우다. 많은 아이들이 단어를 이해하지 못해 전혀 엉뚱한 답을 적어 놓는다. 시험지를 나누어 주면 4학년인데도 "선생님, '합'이 뭐예요?"라고 묻거나, "'단호하게'가 무슨 뜻이에요?"라며 질문하는 아이들을 본다. 그럴 땐 읽기부터 다시 시켜야 한다. 읽기는 모든 학습의 기본이다. 1, 2학년 때 책 읽기를 강조하는 이유가 바로 이 때문이다. 앞뒤로 나오는 단어들은 서로 연결되어 특정한 단어의 뜻을 연상시키고, 이는 또 다른 단어와 연관되어 사고를 확장시키는 역할을 한다. 예를 들면 '용광로'라는 뜻을 모르는 아이라 할지라도 '철광석을 녹여 쇳물을 만드는'이라는 문장을 통해서 그 뜻을 유추해 낸다. 또, 문장 속에 나온 철광석이라는 단어는 또다시 주변 문장을 통해 '철을 포함하는 광석'이라는 것을 알게 된다. 이렇게 지식은 확장의 과정을 거치며 축적되기 때문에 책을 많이 읽은 아이는 시험에 유리할 수밖에 없다.

부모가 드러나는 아이의 실수를 통해 아이의 약점을 이해하고, 거기에 따른 해결책을 마련해 주는 것은 아주 중요하다. 동시에 "너는 너만의 방법을 찾을 수 있을 거야"라고 격려해 주면 아이는 자신만의 길을 찾아간다. 아이의 실수를 통해 아이를 이해하라. 통찰력을 가진 부모는 그런 상황에서도 '칭지격동(칭찬, 지지, 격려, 동기 부여)'한다.

🚩 이기는 부모 훈련
통찰력을 가진 부모는 아이가 실수해도 칭지격동(칭찬, 지지, 격려, 동기 부여)한다.

07
일관성을 가지고
야단쳐라

아이들은 정확한 판단의 준거를 가지고 있다

아이들은 관찰의 대가(大家)다. 그리고 거의 정확한 판단을 해낸다. 어른이 볼 때는 아직 어린 게 무엇을 할 수 있겠나 생각하지만 전혀 그렇지 않다.

해마다 반장 선거를 해 보면 아이들이 얼마나 객관적인 판단을 하는지 알 수 있다. 1, 2학년 때는 돌아가면서 일일 반장을 하다가 3학년쯤 선거를 통해 반장을 뽑는다. 요즘은 성비의 불균형이 심해 남자아이가 더 많기도 하지만 이런 아이들이 선거를 하면 놀랄 만큼 객관적이다. 남학생이 많이 있는 반에서는 여학생들이 불리할 것 같은데 그렇지도 않다. 아주 냉정하다. 아무리 자기와 단짝이고 같은 동네에 산다고 해도 평소에 모범적이지 않은 아이에게는 절대로 표를 주지 않는다. 어른들처럼 혈연이나 지연에 얽매이지 않는다는 얘기다.

이기는 부모

결과를 보면 대부분 리더십이 있고 인성 좋은 아이가 반장으로 뽑힌다. 그야말로 아이들은 누가 학급을 위해서 열심히 일해 줄 아이인가를 아주 정확하게 판단한다. 그래서 나는 아이들의 선택을 존중한다.

아이들이 이렇게 정확한 판단의 준거를 갖고 있다는 걸 다른 말로하면 앞서 말한 것처럼 '눈치가 백단'이라는 뜻이다. 만일 선생님이 똑같은 상황에서 어떤 아이에게는 관용을 베풀고 다른 아이에게는 그렇지 못하다면 아이들은 '우리 선생님은 불공평해'라고 속으로 생각한다. 아이들이 제일 싫어하는 선생님이 차별하는 선생님이다. 우리도 학창 시절의 기억을 되살려 보면 편애하는 선생님이 가장 나쁜 선생님이 아니었던가. 아이들의 판단은 틀리는 일이 거의 없다. 선생님은 전혀 그런 의도가 아니었다고 해도 아이들에게는 고무줄 잣대로 비칠 수가 있는 것이다. 선생님이나 부모가 한결같은 잣대로 대할 때 아이들은 우리를 신뢰한다.

일관성을 가지되 상황 설명을 하라

아침밥을 먹고 난 후 반드시 양치질하는 걸 아이에게 가르친다고하자. 어제 분명히 입 안 구석구석을 꼼꼼하게 잘 닦았다고 칭찬을 들었는데 오늘 아침에는 양치질하러 화장실에 들어가려고 하니 엄마가 고함을 지른다.

"지금 바쁜데 이 닦을 시간이 어디 있어!"

어제까지 칭찬받던 행동이 오늘 정반대의 반응으로 나타난다면 아이는 혼란을 겪을 것이다. 그렇다고 상황이 변했는데 이전의 원칙을 반드시 고수하는 것만이 일관성을 지키는 것은 더더욱 아니다. 이럴 때는 아이에게 설명해야 한다.

"우리 딸 양치하려고 하는구나. 그런데 오늘은 시간이 많이 늦었네. 엄마가 유치원에서 양치할 수 있도록 선생님께 전화할게."

이렇게 한다면 아이는 부모의 말을 신뢰하게 된다. 이런 설명 없이 얼른 나오지 않는다고 고함을 친다면 아이는 상처를 받게 되고 이후로는 어떻게 행동해야 할지 몰라 혼란을 겪을 것이다.

그런가 하면 엄마는 절대로 허용하지 않는 걸 아빠가 받아 주는 경우도 있다. 우리 아이들은 어릴 때 엄마인 내가 늦게 오면 아주 좋아했다. 남편은 무엇이든 아이들이 해 달라는 대로 해 주기 때문이었다. 엄마는 아토피에 좋지 않다며 절대로 주지 않는 라면을 아빠는 자기가 나서서 끓여 주고 피자까지 시켜 주니 좋아할 수밖에 없었다.

"한 번쯤은 먹어도 돼. 너무 먹고 싶은데 안 주는 것도 애들한테는 스트레스야. 그러면 아토피도 더 심해져."

남편이 그렇게 하니 아이들은 자주 "엄마, 회식 언제 가요?"라고 묻기도 하며 내 눈치를 살폈다.

양육하는 사람들(엄마, 아빠, 할 수만 있다면 조부모, 선생님에 이르기까지)이 함께 일관성을 가지고 훈육을 하면 아이들은 눈치를 보거나 헷갈리지 않고 확신 있는 행동을 할 수 있다. 이런 육아는 아이에게는 안정감을 주고, 양육자는 화를 내는 것에 에너지를 낭비하지 않아도 되는 효과가 있다.

야단, 언제 어떻게 칠 것인가

주변을 둘러보면 아이가 어떤 행동을 하든 '오냐 오냐' 하는 부모가 있는가 하면 아이의 버릇을 고치겠다고 작은 잘못에도 호되게 야단치는 부모도 있다. 이처럼 무조건 칭찬하거나 무조건 야단치는 극단적인 방식은 바람직하지 않다. 어떤 분은 "나는 헌신적인 어머니의 가슴과 단호한 아버지의 무릎을 오가며 자랐다"라고 했다. 이처럼 격려를 겸한 헌신, 바른길로 인도하는 단호함의 조화가 아이를 온전하게 성장시킨다.

그러면 단호하게 야단을 쳐야 하는 상황에서 어떻게 해야 할지 구체적으로 알아보자.

아이는 생후 6개월이 되면 목소리의 높낮이를 통해 상황을 분별하게 되고, 9개월이면 '안 돼'라는 말의 뜻을 알게 된다고 한다. 따라서 이때부터는 잘못한 행동에 대해 분명하게 얘기해 주어야 한다. 아이가 잘못된 행동을 했을 때는 즉시, 그리고 바로 그 자리에서 단호하게 아이의 눈을 보면서 야단쳐라. 3세 이후가 되면 말뜻을 알아들을 수 있으므로 부드럽게 이야기한 다음, 앞으로 어떻게 행동해야 되는지에 대해 반드시 설명해 주어야 한다.

그렇다면 어떻게 야단칠 것인가?

첫째, 아이와 해서는 안 되는 행동에 대해 약속을 한다. 어린아이는 모든 것이 실수투성이다. 앞에서 말한 바와 같이 이 시기의 아이들은 일부러 그러는 게 아니라 할 줄 몰라서 못하는 것이다. 겨우 서너 살 또는 대여섯 살이라 경험치가 아주 작기 때문에 이때에는 아이에게 꼭 지키지 않으면 안 되는 것에 대해 반복해서 말해 주고, 만약 어겼을 때는 야단을 맞는다는 약속을 정해 둔다. 그런 다음 그것을 어겼을 때만 야단을 치는 것이 좋다. 그 외에 위험한 물건을 만진다거나 안전사고의 위험이 있는 경우에는 즉시 야단을 치면서 멈추는 훈련이 되어 있어야 일상의 안전벨트가 매어진다.

둘째, 사사건건 야단쳐서는 안 된다. 자주 야단을 맞고 자란 아이는 소극적이고 수동적이 되어 사사건건 '이거 해도 되요? 저거 해도 되요?'라고 하면서 부모나 권위자의 의견을 묻고 독립적으로 행동하지 못한다. 그런 아이는 욕구를 제한당해 왔기 때문에 유치원이나 학교에 가면 친구들을 때리거나 물건을 집어 던지기도 한다. 그러므로 아이가 잘못을 했을 때 사사건건 야단치기보다는 반드시 무엇이 잘못되었는지에 대한 설명을 해 주어야 한다.

셋째, 야단을 칠 때는 조용한 곳으로 데리고 가서 아이와 둘만 이야기해야 한다. 가끔 많은 사람들이 보고 있는 데서 야단을 치는 부모들을 볼 수 있는데, 아이도 자존심이 있다. 노출된 환경에서는 문제의 본질에 대해 생각하기보다는 주변을 살피는 데 더 많은 신경을 쓰게 된다. 나는 절대로 학교에서 다른 아이들이 보는 데서 자존심이

이기는 부모

상처 입을 만한 꾸중은 하지 않는다.

넷째, 낮지만 단호하게 야단쳐야 한다. 야단을 칠 때 부모가 화를 내거나 소리를 지르면 아이는 그 위압적인 상황에 대해서만 생각하지 자신이 무엇을 잘못했는지에 대해 진지하게 생각하기 힘들다. 그럴 경우에는 크게 심호흡을 하며, 아이의 눈을 쳐다보고 단호한 목소리로 야단치는 것이 훨씬 효과적이다.

다섯째, 여러 가지를 한꺼번에 지적하지 말아야 한다. "지난번에는 동생 얼굴에 흉터를 내 놓더니 이번에는 짝지와 싸워? 너는 도대체 뭐가 되려고 그러니?"

지난번 잘못으로 인해 충분히 꾸중을 들었고 반성했는데, 오늘 다시 그 일을 언급하면서 연관 짓는다면 아이는 '나는 정말 형편없는 사람인가 봐'라고 생각하게 되고 '나는 원래 그런 사람'이라는 인식을 갖게 되니 다시 폭력을 행사하는 악순환이 계속된다.

일관성 있게 야단을 치되, 언제 어떻게 해야 할지에 대해서는 부모의 지혜가 요구된다.

🚩 이기는 부모 훈련

아이들은 정확한 판단의 준거를 가지고 있다는 것을 인식하라. 생후 6개월이면 아기는 엄마 목소리를 통해 상황을 분별한다. 9개월이면 '안 돼'의 뜻을 안다. 3세 이후가 되면 단호하되 긍정적 행동에 대해 반드시 설명해야 한다.

08

안 되는 일은
안 된다고 가르쳐라

몰래 바르는 틴트

요즘은 옛날보다 사춘기가 확실히 빠르다. 쉬는 시간에 화장실을 가 보면 5, 6학년 여학생들이 거울 앞에서 친구들과 돌아가며 입술에 틴트(색조 화장품의 일종)를 바르고 있는 걸 자주 목격한다. 분명히 안 된다는 것을 아이들도 알고 있을 텐데 화장실에 와서 그렇게 하고 있는 걸 보면 마음이 영 불편하다. 저학년 동생들도 보고 있는데 이건 아니다 싶기도 하고, 그중에는 담임을 했던 아이도 있어 한마디 해 본다.

"얘들아, 그거 몸에 좋지 않을 텐데?"

한껏 잔소리하고 싶은 마음을 참고 에둘러 표현했는데, "친구가 가져왔는데 저도 한번 해 보고 싶어요"라며 밝게 웃으며 대답하는 아이들을 보고는 더는 할 말이 없다. 한편으로는 얼마나 하고 싶으면 화장실에 와서 저렇게 하나 싶어 이해가 되지 않는 것도 아니다. 그래도 담임을 했던 아이들이라 그 정도의 예의를 갖추는 것이지 그도 아니었다면 어떤 반응을 보였을지 예상이 안 된다. 요즘엔 선생도 함부로 말을 할 수 없는 세상이 되었다.

부모가 화장품을 사 주었을 리는 없다. 그러면 아이들은 용돈을 아껴서 사는 것이라 좋은 걸 사기 힘들다. 품질 낮은 제품을 여린 피부에 사용하다 보면 부작용이 많을 수밖에 없는데, 아이들 화장을 어디까지, 또 언제부터 허용해야 되는지는 부모들의 숙제다. 나도 그랬지만 말리는 일은 꼭 하고 싶은 게 아이들 심리다. 하지만 이런 건 처음엔 안 된다고 했지만 나중에 필요에 의해서 할 수도 있는 거라 얼마든지 허용할 수 있다. 요즘에는 아역 스타들도 많고, 작년에 우리 반 여자아이는 꽤 잘나가는 유튜버이기도 해서 부모가 언제나 화장을 해 주었다.

안 된다고 했다가도 얼마든지 허락해도 되는 문제들

많은 엄마들이 이런 것들로 아이들과 싸운다.

베이블레이드 팽이(바깥쪽이 칼날처럼 생긴 팽이)가 유행하면 꼭 사 달라고 조르고, 액체 괴물이 유행이면 꼭 만져야 한다. 학교에 가면 모든 아이들이 쉬는 시간에 하고 있는데, 자기 부모님만 사 주지 않으면 아이로서는 여간 서운한 일이 아니다. 그래서 선생님들은 그런 것들을 학교에 들고 오지 못하게 하기도 한다.

한번은 부반장 성민이가 퉁퉁 부은 얼굴로 학교에 왔다. 무슨 일이냐고 물었더니 대답을 하지 않았다. 아이는 온종일 우울했고, 수업 시간에도 멍하게 앉아 있었다. 엄마에게 물었더니 도마뱀을 안 사 줘서 그렇다고 했다. 한 달 전부터 또래들 사이에 색깔 있는 도마뱀을 키우는 게 유행인데 아이도 사 달라고 졸랐던 모양이다. 파충류라면 딱 질색인 엄마는 절대로 안 된다고 했고, 그날 아침에는 학교 갈 때까지 떼를 썼다고 한다. 어머니의 말씀은 성민이가 친구들이 하는 것은 무조건 따라 해야 직성이 풀리는데 막상 사 주고 나면 흥미 없어 하는 경우가 하도 많아서 이번에는 절대 안 된다고 했단다. 아이는 슬펐고 학습 의욕까지 없어졌으니 쉬운 일도 아니다.

아이를 키우다 보면 자주 이런 문제에 직면한다. 그래도 이런 것은 처음에는 안 된다고 했다가 나중에는 얼마든지 해 주어도 되는 문제다. 전문가들은 아이들이 애완동물을 기르면서 책임감도 길러지고 게임 중독이나 ADHD(주의력 결핍 장애)가 고쳐지기도 한다며 권하기도 한다.

12월 학급 학예회에서 우리 반 아이들에게 가장 인기 있었던 게 바로 성민이의 '도마뱀 스토리'였다. 아파트에서 키우던 녀석을 추운 겨울, 교실에 데리고 오면서 아빠는 사육 상자를 담요로 감싸 들고 오셨는데 나도 그때 도마뱀이 저렇게 예쁠 수가 있구나 하는 생각을 하게 됐다. 성민이는 온몸이 노란 알비노 패턴리스라는 도마뱀 한 쌍을 들고 일회용 장갑을 나눠 주며 아이들에게 직접 만지게 했는데, 아이들은 신이 나서 저마다 먼저 만져 보겠다며 난리를 피웠다. 성민이가 딱 한마디 했다.

이기는 부모

"얌전히 서 있지 않으면 못 만지게 할 거야."

그 시끄럽던 교실이 단번에 조용해졌다. 프리젠테이션 자료까지 만들어 와서 도마뱀의 종류와 특성, 먹이, 그리고 번식 방법 등을 자신 있게 설명해 주었던 성민이는 그날부터 '도마뱀 박사'로 등극했다.

이처럼 경우에 따라서는 처음에 안 된다고 했다가도 나중에 부모가 다르게 말할 수 있는 상황도 있다.

안 되는 일은 안 된다고 가르쳐야
어디를 가도 환영받는 사람이 된다

그런데 안 되는 일은 끝까지 안 된다고 해야 할 때가 있다. 아무리 아이가 하고 싶어 한다고 해도 남에게 폐를 끼치는 일이나 건강에 좋지 않은 습관 등은 절대로 안 된다고 가르쳐야 한다.

2018년 8월 3일자 〈세계일보〉의 '스토리 세계'에 실린 기사 내용이다.

"지난달 3일(한국 시간) 2018 러시아 월드컵 16강 일본-벨기에전. 당시 일본은 2대 3으로 패했다. 일본 팬들이 경기 직후 눈물을 흘리면서도 저마다 파란색 비닐봉지를 들고 관중석에 버려진 쓰레기를 줍는 장면이 전 세계의 이목을 집중시켰다. 벤치는 물론, 라커룸까지 깨끗하게 청소하고 떠난 일본 선수단의 성숙한 매너는 칭찬을 받았다. (중략)

일본인들은 어렸을 때부터 가정과 학교에서 '히토니 메이와쿠오 카케루나', 즉 '남에게 피해를 끼치지 마라'라는 말을 귀에 못이 박히도록 듣고 자란다. 일본 엄마들의 자녀 교육법을 다룬 책《일본 엄마의 힘》에는 일본 부모들이 아이 훈육의 최우선순위로 꼽은 행동으로 '다른 아이를 다치게 하는 것', '놀이터 등에서 끼어드는 것', '대중교통 이용할 때 떠드는 것' 등이 소개돼 있다. 유치원과 학교에서도 이런 교육이 이어지면서 일본인들은 메이와쿠 문화를 자연스럽게 몸에 익히게 된다.

그 결과 우리는 일본에서 길을 가다가 다른 사람과 부딪히거나 작은 실수만 해도 '스미마셍(미안합니다)'을 습관적으로 하는 일본인들을 어렵지 않게 볼 수 있다. 지하철 등 대중교통이나 공공장소에서 큰 소리로 전화 통화하거나 대화를 나누는 일본인들을 찾아보기도 힘들다."

나는 도서관을 자주 찾는다. 최근 개관한 집 앞의 도서관은 지방자치단체가 지은 도서관으로는 규모나 내부 시설 면에서 우리나라 최고라고 한다. 1층에는 어린이를 위한 다양한 독서 코너가 마련되어 있어 아이와 엄마가 함께 원탁에 둘러앉아 책을 볼 수도 있고, 아이들은 친환경 매트 위에 자유롭게 누워 뒹굴며 책을 읽기도 한다. 유아들만을 위한 공간도 있어 젖먹이까지 데려와 책을 읽는 모습을 보면 얼굴에 미소가 저절로 피어오른다. 방학인 요즘은 늘어난 아이들로 도서관은 언제나 만원이다.

그런가 하면 3층은 중학생 이상 출입하게 되어 있고 자료실을 겸한 다양한 독서 시설들이 있다. 무선충전기와 조도(照度)가 조절되는 스탠드, 개인 노트북을 쓸 수 있는 책상은 그야말로 독서와 공부하기에 최적의 장소다. 이런 곳에 가끔 엄마가 아이들을 데리고 온다. 아마도 따로 맡길 곳이 없어서 책을 대출할 동안에만 함께 있으려고 데려왔을 것이다. 그렇지만 중간 중간 있는 독서 소파들과 서가들 사이로 공간이 넓다 보니 아이들이 소리를 지르면서 뛰어다닌다. 도서관 봉사자가 아이에게 조용히 하라고 일러 보지만 막무가내다. 엄마가 조용히 아이의 두 손을 잡고 단호하게 이곳은 다른 분들이 공부하는 곳이니 조용히 해야 한다고 일러야 하는데, 적극적으로 제지하지 않고 "조용히 해"라는 말만 하고 내버려 둔다. 모든 사람들의 눈이 아이를 향하고 있는데도 제지하지 않는 엄마를 보면 눈살을 찌푸리게 된다.

중산층 영국인들은 아이들에게 어릴 때부터 철저하게 테이블 매너 교육을 시킨다. 식사할 때는 입 안의 음식물이 보이지 않게 하고, 소리를 내어 씹지 않도록 하며, 포크와 나이프 사용법도 정확하게 알려준다. 아울러 아이가 절대로 식사 중간에 돌아다니면서 음식을 먹는 일이 없도록 가르친다. 이런 매너 교육이 영국 레스토랑이나 펍에서 아이들 때문에 시끄럽다고 느끼게 되는 일은 없게 한다고 하니 부러울 뿐이다.

안 되는 일은 안 된다고 가르쳐야 한다. 그것이 아이로 하여금 매너 있는 사람이 되게 하고 어디를 가도 환영받는 사람이 되게 한다.

🚩 **이기는 부모 훈련**

공공장소에서의 매너 훈련은 어디를 가도 환영받는 사람이 되게 한다.

09
지나치게 허용직이거나
강압적인 육아는 경계하라

나의 참회록

나는 강압적인 육아를 해 온 사람이다. 이 점에서 나는 자유롭지 못하다. 청년이 된 큰아들이 지금도 내게 말한다.

"엄마는 그때 너무했어요."

할 말이 없다. 아이가 초등학교 3학년 때, 아들 말에 의하면 그때 "학원을 매일 일곱 개나 다녔다"라고 한다. 내가 볼 때 매일 일곱 군데를 다닌 것은 아니다. 피아노, 미술, 태권도만 매일 다녔고 수학과 영어는 일주일에 두 번, 아빠와 함께 매일 세 장씩 푸는 연산 학습지가 하나 있었다. 아, 매주 월요일 배달되는 책 네 권, 그것도 아이는 숙제로 알았나 보다.

변명을 하자면 직장까지 통근 거리는 멀고, 아이를 딱히 맡길 곳도 없어서 내가 집에 올 때까지 시간을 맞추다 보니 시간표를 그렇게 짤 수밖에 없었던 것이다. 엄마인 나로서는 어쩔 수 없는 선택이었고, 또 그 정도는 배워 두는 것이 '아이에게 좋을 것' 같아서 그랬던 것인데 십오륙 년이 지난 지금까지도 아들에게는 원망스러운 기억이 되고 있다. 그런 면에서 이 책은 나의 참회록이다.

매일 출근은 해야 하고, 퇴근하고 돌아오면 몸은 피곤하니 나는 아이들을 강압적으로 길렀다. 아이가 피곤하다며 전화로 "엄마, 오늘 피아노 학원 안 가면 안돼요?" 해도 나는 한마디로 "노!"라고 했다. 학원 가기 싫어서 하는 말이라고 생각했던 것이다. 운동회를 한 날에도 학원은 꼭 가야 한다고 했으니 아이는 서운한 마음이 많았을 것이다. 다른 아이들은 모두 부모님과 함께 일찍 집으로 가거나 하루 쉬는데 엄마는 그것을 고집했으니. 아들의 말은 그럴 때뿐만 아니라 감기가 걸려서 몸이 아픈데도 영어 학원은 꼭 가야 된다고 해서 정말 원망스러웠다고 한다.

매, 사랑이란 이름의 가면을 쓴 폭력

한번은 분명히 미술을 마치고 태권도에 가 있어야 할 시간인데 아이가 오지 않았다고 전화가 왔다. 미술 학원에 전화를 하니 나간 지 벌써 오래되었다고 하는데, 혹시나 하는 마음에 걱정이 되어 조퇴를 하고 달려갔다. 학원 주변부터 시작하여 태권도장까지 아이가 갈 만한 곳은 서너 번을 더 찾았는데도 보이지 않았다. 혹시라도 누가 데리고 간 것은 아닌지, 횡단보도를 건너다 잘못된 것은 아닌지 온갖 불길한 생각으로 머리가 하얘졌다.

이기는 부모

날은 이미 어두워졌는데 아이는 보이지 않아 애간장이 녹았다. 경찰에 신고라도 해야 하나 생각하며 학교 앞을 돌아 나오는데 문구점 오락기 앞에 낯익은 얼굴이 보였다. 아들이었다. 얼마나 화가 났던지 집으로 돌아와 종아리에 피멍이 생기도록 회초리로 때렸다.

"엄마, 잘못했어요. 다시는 안 그럴게요"라고 하는데도 화를 참지 못했다. 퇴근한 남편이 계단을 오르다 아이의 울음소리와 내 고함소리를 듣고는 뛰어 들어왔다.

"아니, 무슨 일로 애를 이렇게 만들어 놓았어요?"

정신이 번쩍 들었다. 내가 지금 무슨 짓을 했지? 그제야 거실 한쪽 구석에서 벌벌 떨면서 눈물 콧물 범벅이 된 채 회초리를 든 내 손만 바라보고 있는 아이가 눈에 들어왔다.

한 번도 그런 일이 없었던 아이가 무슨 일로 그랬는지 이유도 들어보지 않고 무작정 때리고 있었던 것이다. 그때 내 마음을 들여다보면 아마도 이랬을 것이다.

'내가' 얼마나 놀랐는데,

'내가' 얼마나 애타게 찾았는데,

'내가' 얼마나 밤낮으로 피곤하게 애쓰고 있는데,

'내가' 얼마나 잘되기를 바라고 있는데…….

위압에 눌려 저항할 수 없는 아이에게 사랑이란 이름의 가면을 쓴 폭력을 휘두른 그날, 나는 정말 아이에게 돌이킬 수 없는 죄를 지었다. 가까스로 정신을 차리고 아이에게 물었다.

"왜 학원을 안 갔던 거야?"

복받쳐 오르는 울음을 참지 못하고 떠듬떠듬 말을 하는 아이의 얘기를 종합해 보면 이랬다. 미술 학원을 마치고 친구네 집에 잠시 들렀는데 친구 엄마가 간식 좀 먹고 가라고 해서 잠깐 있는다는 게 놀다 보니 시간이 너무 흘렀더란다. 놀라서 시계를 보니 태권도 끝날 시간이 다 되었고, 다음 타임은 고학년 시간이라 가지 못했다. 그리고 집으로 오다 게임기가 눈에 보여 한 판만 한다는 게 그날따라 기계 오류로 500원짜리 동전 하나만 넣었는데 끝이 나지 않아 계속하고 있었다는 것이다.

"그러면 그렇다고 말을 해야지. 왜 말을 안 했어?"

"말을 하려고 했는데 엄마는 들어보지도 않고 무조건 날 때렸잖아요."

또다시 설움에 받쳐 통곡하며 우는 아이 앞에 나는 입이 열 개라도 할 말이 없었다. 벌겋게 줄이 생긴 아이의 상처 난 종아리에 바셀린을 발라 주던 그날, 아이도 나도 한없이 울었다.

"아들아, 미안하다. 엄마가 미안하다. 네 얘기를 들어보지도 않고 때려서 정말 미안하다."

책을 쓰는 지금도 그때 일을 생각하면 생채기 난 아이의 종아리가 보이는 듯하다.

부모들의 양육방식 네 가지

고영성 작가가 쓴 《부모교육》에 보면 데이비드 셰프와 캐서린 킵의 네 가지 양육 방식이 나온다.

첫째, 독재적 양육 방식이다. 이런 양육 방식은 규칙을 내세우며 복종을 기대한다. 복종해야 할 이유에 대해서는 설명하지 않고 복종을 시키기 위해 애정을 철회하거나 힘으로써 굴복시키는 방법들을 동원하는 경향이 있다. 부모의 규칙과는 다른 아이의 새로운 관점과 의견에는 귀 기울이지 않으면서 아이에게 존중받기를 원하는 양육 방식이다.

둘째, 권위적 양육 방식이다. 권위적 부모는 통제적이지만 융통성도 갖추고 있다. 요구를 많이 하는 편이지만 합리적인 이유를 반드시 설명하며, 아이가 자신의 요구에 부응할 것이라 믿고 있다. 독재적 부모에 비해 아이의 관점을 더 잘 수용하고 민감하게 반응한다. 의사결정 과정에 아이를 종종 참여시킨다.

셋째, 허용적 양육 방식이다. 허용적 부모는 상대적으로 아이에게 요구를 적게 하며, 아이의 감정과 생각을 자유롭게 표현할 수 있도록 한다. 아이의 요구에는 수용적이지만, 아이의 행동에 대해 면밀한 모니터링은 하지 않는다.

넷째, 방임적 양육 방식이다. 방임적 양육은 부모가 자신의 삶에만 관심을 가지면서 아이를 그냥 방치하거나, 혹은 적극적으로 거부하는 양육 형태이다. 아이에게 아무런 요구도 하지 않으며, 특별한 규칙도 설정하지 않고 아이를 기른다.

가장 탁월한 양육 방법:
따뜻하면서도 단호한 권위적 양육 방식

이 중에서 아이의 성장에 가장 탁월한 양육법은 무엇일까?

발달심리학자 다이아나 바움린드(Diana Baumrind)의 연구에 의하면 권위적 양육을 하는 부모에게서 자란 아이들이 사회적, 정서적, 지적 영역에서 가장 긍정적 결과를 가져온다고 한다. 독재적 부모에게서 자란 아이는 침울하고, 남을 괴롭히며 불친절하고, 대체로 목표가 없다. 허용적 양육을 받은 아이는 자주 으스대고, 자기중심적이며, 충동적이어서 통제력이 부족하고 독립성과 성취가 낮다. 방임적 부모에게서 자란 아이는 공격성과 분노를 가지고 있고, 지능과 정신 건강, 사회 적응 등에서 모두 좋지 않게 나타났다고 한다.

사람들은 자주 권위와 권위주의를 오해하는데, 둘은 반드시 구분되어야 한다. 권위는 사전적 의미로 남을 지휘하거나 통솔하여 따르게 한다는 뜻이다. 권위주의는 어떤 일에 권위를 내세우거나 권위에 복종하게 한다는 의미다. 부모로서의 권위는 있어야 하지만 권위주의가 되면 안 된다.

나는 어떤 부모일까? 직업이 교사여서 권위주의가 몸에 배어 있을 수도 있겠지만 가만히 돌아보면 나도 부모에게서 그런 영향을 받은 것이다. 대부분의 집처럼 우리 형제들도 아버지 앞에서는 한마디도 할 수 없었다. 잘못되어도 아주 많이 잘못되었다. 부모로서의 권위는 있어야 하되, 권위주의로 아이를 길러서는 안 된다. 이런 권위주의적 양육은 강압적 육아로 이어지기 쉽고, 독재적 양육 방식으로 나타나 아이를 망친다.

지나치게 허용적이거나 강압적이지 않은, 따뜻하면서도 단호한 권위적 양육 방식이 아이의 바른 성장을 가져온다. 그런 부모는 아이에게 융통성 있는 기준을 세워 주고, 방임하지 않는 합리적 통제로 아이를 양육한다. 감정에 공감하고 따뜻하게 대하기 때문에 아이는 야단맞는 상황에서도 '나를 사랑하기 때문에 가르치는 것'으로 받아들인다. 이러한 부모와의 공감이 바른 훈육을 가능하게 한다.

나의 양육 방식은 허용적인가? 아니면 강압적인가? 아니면 전문가들이 가장 효과적이라고 하는 권위를 가진 양육 방식인가? 스스로에게 질문할 차례다.

🚩 이기는 부모 훈련

아이의 감정에 공감하고, 융통성 있는 기준을 세우며 방임하지 않는 합리적 통제를 하는 부모가 되라.

10
단호하고 엄격한 야단이
필요한 경우, 이렇게 하라

    월드컵 경기가 끝났다. 세계 랭킹 1위인 독일이 포함된 '죽음의 F조'에 속했던 한국은 스웨덴에 0:1로 패했다. 해볼 만한 상대라고 생각했던 스웨덴과의 1차전에서 패배하자 히딩크를 비롯한 유명 감독들과 많은 전문가들이 프리미어리그 최고 공격수 손흥민을 윙백으로 쓰는 건 이해할 수 없는 전술이라며 비난했다. 그런 지적이 반영되었는지 몰라도 멕시코와의 2차전부터 손흥민은 최전방에 섰고, 추가 시간에 골을 뽑아냈다. 하지만 전반적인 골 결정력 부족과 수비 난조로 또다시 1:2로 패하고 말았다. 마지막 3차전 독일과의 경기. 모든 사람들이 세계 최강 독일과의 경기는 보나마나 빤할 거라며 기대를 하지 않았다. 하지만 예상과는 달리 그날은 패스도, 전술도, 수비도 완벽해서 김영권과 손흥민의 연속골로 2:0으로 이겼다. 직전 대회 우승팀 독일을 FIFA랭킹 57위 대한민국이 침몰시킨 것이다. 감독과 선수들의 마음고생이 한꺼번에 떠나가는 순간이었다.

우리나라에서 제일 어려운 직업이 축구 국가대표팀 감독이라고 한다. 전 국민이 축구 전문가(?)이기 때문이다. 그러나 알다시피 우리는 진짜 전문가가 아니다.

남편은 아주 부드러운 성품이다. 아이들이 무엇을 하든 지지해 주고 격려해 주며, 사람들과의 관계에서도 양보를 잘해서 온유하다는 평판을 받는다. 결혼 이후 남편과 말다툼을 하거나 싸움을 해 본 일은 거의 없다. 남편이 늘 이해하고 품어 주기 때문이다.

그런 남편이 축구 국가대표팀이 다른 나라와 경기를 할 때는 시아버님을 닮아 다혈질이 된다.

"아니, 저런 선수는 빼야지 왜 기용하는 거야. 감독 참 이상하네."

"아이고, 반대편에 달려오는 선수에게 패스를 해야지 왜 욕심을 부려."

"그래, 그렇지. 앞으로 찔러 넣고, 돌아서 달려."

TV 앞에서 두 손을 번쩍 들었다가, 무릎을 쳤다가 얼굴을 감싸 쥐기도 하는 남편을 보는 건 언제나 낯설다. 아들들도 각자 자신이 가지고 있는 지식을 총동원해서 아무도 듣지 않는 훈수를 하고 자기 생각과 다르게 플레이가 펼쳐지면 거침없이 질타를 한다. 함께 살다 보니 나도 반 이상은 축구 전문가가 되었다.

"달려 나오면서 터치를 해야지, 기다리고 있으면 뺏겨!"

그렇다고 우리가 전문가는 아니다. 전문가란 어떤 특정한 부문을 오로지 연구하여 그에 관한 지식이나 경험, 기술이 풍부한 사람, 또는 그 일을 담당하고 있는 사람을 말한다. 하지만 우리는 그 선수들처럼 어렸을 때부터 축구 클럽에서 체력을 기르고 볼터치를 배우고, 전술을 연구하거나 실전에서 뛰어 본 경험이 전혀 없으면서 전문가인 것처럼 훈수를 둔다.

사람을 교육하는 일이 가장 힘들다

아이를 기르는 것도 마찬가지다.

부모 개개인이 자기 자녀에 대해서만큼은 전문가가 되어야 한다는 것에는 이의가 없다. 그러나 육아에 관한 한 진짜 전문가가 되기는 힘들다. 왜냐하면 책을 통하거나 교육에 참여해서 지식을 얻을 수는 있지만, 경험이나 기술을 충분히 터득할 기회를 가지지 못하기 때문이다. 아이는 한 명 한 명 제각기 다 다르고, 겨우 깨닫고 제대로 길러 보려고 하면 벌써 부모의 손을 벗어날 때가 된다. 그래서 사람을 교육하는 게 제일 힘들다.

나부터도 그렇다. 사람들은 교직 생활 30년을 했으면 아이들 교육에 관한 한 전문가일 거라고 생각을 한다. 그러나 해마다 만나는 아이들이 다르고, 학부모가 다르고, 학교 환경이 다르기 때문에 아이들을 기른다는 건 언제나 힘들다. 다만 남들보다 많은 사례를 통한 경험치가 있기 때문에 특정 사례에 대처하고 학부모들이 궁금해하는 것들에 대해 조언을 해 줄 수 있다는 것에서 차이가 날 뿐이다. 다른 전문직도 마찬가지다. 사람들이 예약을 하고 1~2년씩 기다려야 하는 세계 최고 정신의학과 교수도 골방에 틀어박혀 2년 동안 게임만 하는 아들을 어떻게 해야 할지 방도를 찾지 못해 눈물만 흘렸다고 한다. 모든 부모들은 제 자식이 가장 힘들다.

많은 부모들이 징계에 대해 고민한다. 아이들이 언제나 부모의 말을 잘 듣거나 바른 행동을 하는 것은 아니기 때문이다. 성경에는 "징계가 없으면 사생아"라는 말이 있다. 또한 "회초리를 아끼는 자는 자기 아들을 미워하는 자"라는 말도 있다.

그러나 나처럼 아이의 말도 들어보지 않고 아이를 때리거나, 독재적 부모처럼 힘으로 굴복시키는 것은 아이로 하여금 '나도 힘만 있다면 얼마든지 부모를 때리거나 다른 아이들에게 폭력을 행사할 수 있다'는 생각을 갖게 만든다. 그런 양육 방식은 자녀를 평생토록 괴롭혀 학교 폭력이나 가정 폭력을 죄의식 없이 하게 만드는 단초를 제공한다. 그러나 앞에서 본 것처럼 권위적 양육을 하는 부모들은 체벌은 하지 않지만 아이가 잘못된 행동을 할 때 적절하게 징계한다.

대부분의 선진국에서는 아동 체벌이 전면적으로 금지돼 있다. 우리나라도 '아동학대 금지법'이 시행되고 있고, 교육 기관에서는 이제 '사랑의 매'라는 개념이 사라졌다. 심지어 계속해서 다른 아이들의 수업을 방해하는 아이를 잠시 동안 교실 뒤에 서 있으라고 했는데 망신을 주었다며 학부모가 교사를 고소한 사건도 있다. 이제는 학교에서조차 잘못한 행동에 대해 제재를 하지 못하는 상황이 되고 말았다. 심지어 어떤 중학교 선생님은 아예 딴짓하는 학생들을 보지 않으려고 천장만 보며 한 시간 동안 교과 내용만 전달(?)하고 나온다고 하니 슬픈 현실이다. 절대 옳은 방향이 아니다.

그런데 신기하게도 아이들은 자신과 친구들이 무엇을 잘못하고 있는지 정확하게 안다. 재작년, 남학생 두 명과 여학생 두 명이 엄청 속을 썩인 일이 있었다. 등교를 했다 하면 서로 몸을 부딪치고 떠들고, 장난치고, 수업 시간에 온 교실을 돌아다녔다. 자리를 떼놓아도 어느새 같이 붙어 있곤 해서 한번은 자리에서 일어나지 말라고 했더니 의자를 엉덩이에 붙인 채 다른 아이에게 가기도 했다. 그러다 마음이 안 맞으면 싸우기를 반복하니 다른 학생들이 피해를 많이 보고 있었다. 그런 행동들을 방치하면 다른 아이들도 '우리 선생님은 저런 건 봐주셔. 나도 하면 되겠네'라고 생각해서 도미노 현상이 일어나 통제가 어려운 상황이 된다. 그러면 학급은 1년 내내 엉망이 되고 결국 다양한 수업 활동을 하지 못한 피해는 고스란히 아이들이 떠안게 된다. 그래서 잘못한 행동을 하는 아이들에 대해서는 합당한 징계를 해야 한다. 본인을 위해서도, 다른 아이들을 위해서도.

약한 처벌은 아이로 하여금 생각하게 한다

그렇다면 행동 교정을 위한 징계는 어떻게 해야 할까?

만약 아이가 여섯 살인데 동생을 자꾸 때린다고 해 보자. 그동안에 몇 번씩 아이에게 때리지 말라고 주의를 줬는데도 그 행동을 반복하면 부모는 자기 말을 무시하는 아이의 행동에 화가 난다. 이때 심한 체벌 같은 강한 징계를 하면 아이는 부모가 보는 데서는 맞는 게 두려워 동생을 때리지 않을 것이다. 그러나 이런 아이는 부모가 등을 돌리거나 잠시 외출을 하면 다시 동생을 때릴 가능성이 높다. 왜냐하면 행동을 결정하는 기준이 자신의 내면이 아니고 부모의 체벌이라는 '외부 조건'에 두어져 있기 때문이다.

그렇다고 동생을 때리는 잘못된 행동에 대해 반복적으로 말로만 "그렇게 하면 안 돼. 동생이 아프잖아"라고 할 수만은 없다. 이럴 때 권위적 양육자는 징계를 하되 약한 처벌을 한다.

"약속했는데도 지키지 않았으니 5분 동안 손을 들고 있어야 해."

이렇게 약한 처벌을 받게 되면 벌을 받는 동안에 아이는 생각을 하게 된다.

'내가 왜 동생을 때렸지? 참을 수도 있었는데. 처음부터 때릴 생각을 가졌던 건 아니야. 화가 나서 그런 행동을 하긴 했지만, 나는 원래부터 때리기를 좋아하는 사람은 아니야. 그리고 동생을 때리는 건 옳지 않은 행동이 확실해.'

다시 말해 약한 처벌은 아이로 하여금 자신을 돌아보는 정당화 과정을 찾게 하고, 이런 과정을 통해 내면 인지 상태가 조화를 이루게 되면 아이는 부모가 있든 없든 동생을 때리지 않게 된다.

아이마다 기질이 다르고 받아들이는 정도가 다르기 때문에 부모는 전문가로서 어떻게 하면 효과적인 징계를 할 수 있을까 고민해야 한다. 위의 경우처럼 타임아웃이 효과가 있는 아이가 있는가 하면 그렇지 않는 아이도 있을 것이다. 그런 아이에게는 "간식을 금지할까?", "욕조 청소를 할래?", "게임 시간을 30분으로 줄일까?" 등을 제시하면서 본인에게 선택하라고 할 수도 있다.

징계는 꼭 필요하다. 이것이 없으면 아이는 제멋대로 행동하게 되고, 소년과 물새알 이야기처럼 나중에는 부모를 원망하게 될 수도 있다. 하지만 약한 징계가 강한 징계보다 낫다. 이는 아이 스스로 인지적 부조화를 해결하고 행동 교정 방법을 찾아내게 만들기 때문이다.

📢 이기는 부모 훈련

징계가 없는 아이는 제멋대로 자란다. 그러나 이 경우에도 약한 처벌을 해야 아이는 인지 부조화의 과정을 통해 행동 교정의 방법을 찾아낸다.

5장

인생이 이룰 수 있는
최고의 성공,
아이를 기르는 것

01
좋은 부모는
저절로 되지 않는다

우리 엄마

어렸을 때 나는 엄마가 정말로 집을 나가 버릴까 봐 항상 마음을 졸였다. 학교를 마치고 친구들이 고무줄놀이 좀 하다가 집으로 가자고 해도 나는 고갯마루 두 개를 넘어야 하는 십 리 길을 쉬지 않고 달려 사립문을 열고는 "엄마?" 하고 불렀다. 마당이나 부엌에서 엄마가 보이지 않을 때면 온 집안이 떠나가라 "엄마아~"를 외치며 방이든 광이든 문이란 문은 모두 열어젖히곤 했다. 그러다 저 멀리서 푸성귀를 가득 담은 소쿠리를 머리에 이고 밭에서 돌아오는 엄마를 보면 나는 재빨리 달려가 엄마의 무명치마에 얼굴을 묻었다.

아버지는 아내를 두 번 맞이했다. 처음 혼인 했던 큰엄마는 얼굴도 곱고 심성도 좋은 분이셨는데 첫아들을 낳고 산후 조리 과정에서 돌아가셨다고 한다. 상심한 아버지는 젖동냥을 해야 하는 아기를 볼 때 마다 마음이 아파 술을 마셨는데, 보다 못한 할아버지가 집안 어른끼리만 다시 중매를 해서 만난 분이 우리 엄마다.

얼굴도 못 보고, 어떤 상황인지도 모르고 시집을 와 보니 남편은 첫 혼사가 아니었고 아이까지 있었으니 엄마의 심정이 어떠했으랴. 돌아가신 지가 한참이나 지난 지금도 엄마의 그 마음이 느껴져 가슴이 아리다. 부잣집에서 고생 없이 곱게 자라 댕기머리 부푼 꿈을 안고 첫날밤을 지냈더니 다음날 아침부터 핏덩이를 안겨 주는 남편과 그런 곳에 시집을 보낸 친정아버지를 이해할 수 있는 여자가 몇 명이나 있으랴. 그때부터 엄마의 가슴엔 외할아버지와 아버지를 향한 한(恨)이 맺혔다. 살림도 넉넉지 않아 남의 집, 그것도 초가집 방 한 칸을 얻어 신접살림을 해야 하는 그 억울함이란…….

내성적인 엄마는 아버지에게서 첫 아내에 대한 그리움을 지워 내기도 힘들었을 것이고, 큰오빠의 기저귀를 갈아 주면서도 '내 팔자는 왜 이럴까?' 하며 터져 나오는 속울음을 억누르고 살았을 것이다. 태어날 때부터 불행했던 큰오빠는 최전방 군복무 중 사고로 돌아가셨고, 엄마는 자식 일곱을 낳아 기르면서도 마음속 깊이 난 상처가 지워지지 않았었나 보다.

가을걷이가 끝나면 마을에서는 언제나 잔치가 열렸는데, 장구는 늘 우리 엄마 차지였다. 어떤 사람이 어떤 노래를 불러도 장단을 맞춰 내는 엄마의 장구 솜씨는 마을에서 따라올 사람이 없었다. 막걸리 한 잔만 건네주면 한 번도 자리에 앉는 일 없이 그 무거운 장구를 온종일 메고 회관 마당을 돌며 엄마는 신들린 듯 장단을 맞춰 냈다. 아무에게도 말하지 못한 속 깊은 곳의 한을 엄마는 그렇게 녹여 내고 있었던 것이다.

아버지는 집안일엔 그다지 관심이 없고 늘 한량처럼 며칠씩 밖으로 나도셨는데, 엄마는 젖 먹는 돼지처럼 몰려드는 일곱 남매를 먹이고 입히는 것이 힘들 때면 혼잣말처럼 이렇게 말하곤 했다.

"내가 어서 집을 나가 버려야 이 꼴 안 보고 살지."

내가 엄마를 두고 밖에 나가는 것조차 두려워하고, 어쩔 수 없이 학교를 갔다가는 돌아올 때마다 눈이 빠지게 엄마를 찾았던 유일한 이유다. 나는 가끔 아이를 기르면서 내 속에 인처럼 박혀 있는 엄마의 모습을 보고 깜짝 놀란다. 어렵고 힘들 때마다 나도 모르게 그런 말이 툭 튀어 나오려고 해서다.

모성은 본능, 그러나 저절로 좋은 부모가 되지는 않는다

모성은 본능이라지만 저절로 좋은 부모가 되지는 않는다. 독일의 심리학자 에리히 프롬(Erich Pinchas Fromm)이 쓴 《사랑의 기술(The art of loving)》(1956)은 남녀가 처음 만났을 때 설레는 상태뿐만 아니라 그 이후에도 사랑을 지속해 나가기 위해서는 기술(art)이 필요하다고 이야기한다. 즉 음악, 미술, 건축, 공학 등의 기술을 배우듯이 사랑의 기술도 배워야 한다는 뜻이다. 기술을 습득하는 방법은 어느 분야든 이론을 이해하고 난 후 그것을 반복적으로 실천해야 한다. 이를 통해 궁극적으로 숙련가가 되는 것이다.

좋은 부모가 되는 것도 마찬가지다. 기술을 습득해 나가는 것처럼, 많이 배우고 반복적으로 실천해야 능숙한 부모가 된다. 그러나 내 경험에 의하면 자기 안에 있는 상처를 치유하는 일이 부모에게는 가장 우선되어야 한다. 나 역시도 아이를 키우면서 많이 울었다. 정말 싫어했던 엄마의 모습이 남아 있는 내가 싫었고, 그런데도 의지로는 어찌할 수 없는 나를 보며 탄식했다. 다행히도 자상한 남편을 만나 많은 부분 치유가 되었고, '어머니학교'를 통하여 자존감이 회복되어 내 아이에게는 똑같은 상처를 물려주지 않으려고 무척이나 애를 썼다.

치열하게 배워야 한다. 말콤 글래드웰(Malcolm Gladwell)의 《아웃라이어(Outliers)》를 보면 "1만 시간의 법칙"이란 말이 있다. 한 가지 일에 큰 성과를 이루기 위해서는 1만 시간 동안의 학습과 경험을 통한 사전 준비 또는 훈련이 이루어져야 한다는 말이다. 1만 시간을 나누어 보면 하루에 평균 약 3시간, 일주일에 20시간씩 10년이라는 기간이 걸린다. 최소 10년간은 집중적인 투자가 있은 후에야 전문가가 된다는 뜻이다.

그러나 기술을 연마하는 것이라면 시간이 더 걸려도 좋고, 잘못 배웠다면 다시 고쳐 볼 기회라도 있지만 우리는 사람을 기르는, 그것도 절대로 실수가 용납되지 않는 자녀 교육을 해야 하는 사람들이다. 그런 우리는 아이들을 기르는 전문가가 되기 위해 10년이라는 시간을 투자하고 있는가? 눈에 넣어도 아프지 않을 내 아이가 인생을 살아가는 데 필요한 긍정적 자기 존중감, 삶의 기술 등을 배워 가는 데 완벽한 코칭을 해 줄 능력이 내게 있는가?

오늘 내가 쓰는 참회록의 주제이다.

"생각하는 대로 살지 않으면 사는 대로 생각하게 된다."

프랑스 시인 폴 발레리(Paul Valery)가 한 말이다. 부모에게는 자녀를 잘 키워야겠다는 생각 하나만 있어도 방법은 찾아지게 되어 있다. 책을 읽게 되고, 세미나를 가게 되고, 코칭을 받게 된다. 생각을 가지고 있으면 화가 나는 순간에도 '꼭 이 방법 밖에 없는가?'를 떠올리게 되고 잠시 숨고르기를 하며 돌아보게 된다. 생각하면서, 공부하면서 자녀를 키워야 하는 이유다. 그래야 당신이 행복하고, 행복한 부모 밑에서 행복한 아이가 자란다. 그런 아이가 삶을 긍정적으로 해석하며 자신을 사랑하는 사람으로 성장하게 된다. 물질적 유무를 떠나 존재 자체로 기쁨을 누리며 사는 삶, 얼마든지 가능하다. 아이 기르는 것을 꿀맛이라고 생각하는 사람들도 의외로 우리 주변에는 많다.

"이 아이 없었으면 내 삶이 무슨 의미가 있었을까요?"

"진짜 기쁨이 어떤 것인지 아이를 키우면서 알게 되었어요."

날마다 기적을 살아 내는 사람, 그가 곧 부모다

무엇이든 마음먹기 달렸다.

다음은 인간의 시각 인지를 설명하기 위해 자주 인용되는 그림이다.

　　1915년 시사만화가 힐(W. E. Hill)이 그린 이 그림은 의도적으로 노파와 아가씨를 동일한 비중으로 그렸다. 시각 인지는 눈에 보이는 것과 자신이 가진 상식이 조합되어 의미를 부여한다. 위의 그림을 보여 주면 아가씨를 찾지 못하는 사람도 있고, 할머니를 찾지 못하는 사람도 있다. 왜냐하면 인간은 눈으로 보이는 것을 처음 인지한 상황에서 반대쪽은 상상조차 할 수 없는, 상식을 벗어난 것으로 인식하기 때문이다. 손으로 열심히 짚어서 할머니의 턱이 아가씨의 앞가슴이라고 설명을 해 주면 그제야 비로소 사람들은 "아하!" 하는 감탄사를 연발한다.

　　내 의식 속에 무엇이 먼저 자리 잡느냐에 따라 모든 게 달라진다. 좋은 부모는 저절로 되지 않는 줄 깨닫고, 또 좋은 부모가 되는 것이 가장 가치 있는 일인 줄 알고, 최선을 다해 배우고 익히고 노력하는 사람만이 '화내지 않는 육아', 즉 이기는 부모가 될 수 있다.

종로에서 엄마학교를 운영하고 있는 서형숙 씨는 자신의 육아 원칙을 '선택과 포기'라고 하면서 이렇게 말한다.

"나는 아이 기르면서 그 대가를 치렀다고 생각해요. 하나를 잡으면 다른 하나를 놓아야 하는 것이 당연한 거예요. 아이가 어릴 때 우아하게 밥 먹는 건 포기해야죠. 아이가 크면 싫어도 부부 둘만 남아요. 그때는 둘만 우아하게 먹을 수 있죠."

생각해 보라. 아이가 내 품에 처음 안겼을 때 얼마나 기뻤는지, 그 아이가 지금 내 곁에 있다는 게 얼마나 감사한지. 우리는 날마다 이런 기적을 살아 내는 사람들이다. 기적은 의지를 가지고 훈련하는 자에게만 찾아온다. 좋은 부모는 저절로 되지 않는다.

🚩 **이기는 부모 훈련**

에리히 프롬의 말처럼 사랑에도 기술이 필요하다. 부지런히 배우고 반복적으로 실천할 때 좋은 부모가 된다.

이기는 부모

02
벽 앞에서 우는
부모가 되라

쉬운 인생은 없다. 아무리 행복해 보이는 사람도 깊이 대화를 해 보면 저마다의 상처가 있고 남은 절대로 알 수 없는 어려움이 있다. 어떤 사람이 "나는 세상 사는 게 기쁘고 즐겁기만 하다"라고 한다면 나는 그 사람을 물끄러미 쳐다본다. 그런 사람은 둘 중 하나다. 생각 이 좀 모자라거나 아직 세상을 많이 살아 보지 않았거나.

모두가 무거운 짐을 지고 인생을 살아간다. 그래서 나는 성경의 이 말씀을 좋아한다.

"수고하고 무거운 짐 진 자들아, 다 내게로 오라. 내가 너희를 쉬 게 하리라."

벽 앞에서 울어라

아이를 키우는 부모에게는 많은 고민이 있다. 혹자는 육아를 할 땐 아이가 최우선이 되고, 모든 걸 받아 주고 무엇이든 할 수 있어야 하며, 절대로 화를 내지 않아야 한다고 말한다. 당신도 나도 신이 아니다. 함께 육아를 하는 남편 또한 신이 아니다. 그러므로 그렇게 될 수 없다. 신이 아닌 사람이 신이 되려고 한다면 결국 무력감과 죄책감만 남는다. 누구도 그런 삶을 살기 원치 않는다. 대신에 나는 누구에게든지 "벽 앞에서 울어라"라고 이야기한다.

우리 학교는 아이들에게 1년에 한 가지씩 악기 연주를 하게 한다. 1학년은 두드리기만 하면 소리가 나는 실로폰, 2학년은 누르는 힘과 상관없이 정확한 음을 내는 멜로디언, 그 다음으로는 리코더, 오카리나, 소금, 단소 순이다. 1년 동안 아이들과 함께 날마다 연습을 하다 보면 그 어렵던 단소도 어느새 소리가 나게 된다.

올해는 2학년이라 멜로디언을 가르쳤다. 아이들이 악보를 읽는 것은 무리여서 아예 계명을 외우라고 했다(사실 모든 아이들이 처음에는 외워서 한다). 피아노를 쳐 본 것과는 또 다르다. 처음에 아이들은 멜로디언 호스에 바람을 불어 넣는 것도 힘들어 했다. 기껏 해 봐야 큰 빨대 정도만 불어 봤던 아이들이라 마우스피스로 바람을 부는 것이 쉬운 일은 아니다. 겨우 바람을 불어 넣고 건반을 누르면 음계에 따라 소리가 난다. 그러고 나서도 박자 길이만큼 소리를 내는 데도 며칠의 시간이 걸린다. 호흡을 길게 하지 못하기 때문이다. 〈섬집 아기〉의 "엄마가 섬 그늘에" 소절을 연주하면 마지막 '에'는 여섯 박자를 연주해야 되니 숨이 가쁘다. 그래도 건반에 붙여 놓은 계이름 스티커를 따라 머릿속에 외워 둔 계명을 누르면 소리가 나니까 아이들은 신나게 연주를 한다. 점점 긴 호흡도 가능해지고, 함께 박자를 맞추다 보니 연주의 즐거움을 알아 간다는 뜻이다. 어떤 때는 "선생님, 한 번만 더 연주해요"라고 조르기도 한다.

그런데 아무리 해도 안 되는 아이가 세 명 있었다. 호흡도 안 되고, 박자감도 없는데다 계명을 외우는 것도 힘든 아이들. 요즘엔 남겨서 따로 학습을 시키는 것도 쉽지 않다. 아이들도 학교를 마치고 나면 학원이다 뭐다 나름의 스케줄이 있고, 부모들도 남겨서 가르치면 아이들이 부진아라고 놀린다며 싫어하기 때문이다. 할 수 없이 2교시 후 쉬는 시간 20분을 이용해 날마다 계이름과 운지법, 음의 길이 등을 가르쳤다. 2주 후 테스트를 했는데 여학생 두 명은 통과를 하고 남학생 한 명이 남았다. 세 명이 같이 할 때에는 부끄러움도 덜하고 힘도 났는데, 이제부터는 혼자 해야 된다고 생각하니 슬펐는지 아이가 울었다. 친구들이 놀린 것도 아니고, 담임인 내가 면박을 준 것도 아닌데 혼자 울었다. 그런 아이를 보며 나는 속으로 외쳤다.

'됐다!'

아니나 다를까. 아이는 그 다음 월요일에 바장조 조금 느리게로 시작하는 〈섬집 아기〉를 완벽하게 연주해냈다. 아이들이 우레와 같은 박수를 보내 준 건 말할 것도 없다.

평소에 나는 아이들에게 "어떤 일을 아무리 해도 안 될 때는 울어라"라고 이야기한다. 운다는 것은 그만큼 문제를 해결해 내고자 하는 갈망이 있다는 뜻이다. 정말 해내고 싶은데 이렇게 해도 안 되고 저렇게 해 봐도 안 될 때 그 벽 앞에서 아이들은 속상해서 운다. 노력의 마지막 종착점이 울음이다. 30년 교육 경험을 되돌아보면 우는 아이는 언제나 소망이 있다. 그런 아이는 일시적 좌절로 슬퍼하기도 하지만 반드시 방법을 찾아내고 성공을 이루어 낸다. 운다는 것은 열정의 다른 표현이다. 울지 않는 아이에게는 담임으로서 부모로서 아무리 도와주려고 해도 별다른 효과가 나지 않는다.

도전하지 않는 사람에게는 성공도 없다. 그러나 도전은 자주 우리에게 '실패'라는 모습으로 먼저 찾아오기 때문에 쉬운 건 아니다. 이 녀석은 돌아가거나 피하지 않고 이겨 낼 수 있다는 신념을 가지고 정면으로 승부할 때 '축복'이라는 본모습을 드러낸다. 그래서 "고난과 실패는 변형된 축복"이라고들 이야기한다.

아이를 키우다 보면 여러 가지 어려움을 만난다. 내 경우는 제왕절개를 하면서 맹장을 함께 제거하는 바람에 잘 먹지 못해 산후 회복이 더뎌 고생을 했다. 보통 사람들은 출산 후 살이 찐다고 하는데 나는 그나마 쪘던 살도 빠져 버렸다. 그런가 하면 밤낮이 바뀐 아이 때문에 숙면을 취하지도 못했고, 지옥 같은 아토피는 고 3때까지도 우리를 괴롭혔다. 어떤 이는 3분마다 엄마를 부르는 아이 때문에 미칠 것 같고, 어떤 이는 시도 때도 없이 사고치는 아이 때문에 힘들어 한다. 겨우 재워 놓은 동생을 시끄럽게 떠들어 깨우기도 하고, 통통 뛰어 소파를 망가뜨리는가 하면, 숨바꼭질 한다고 커튼을 죄다 뜯어 놓

이기는 부모

으면 정말이지 화가 난다.

그런데 진짜 문제는 눈앞에 펼쳐진 상황이 아니다. '참아야지' 하는 인내의 끝에서 그 상황을 대처하는 나의 태도로 인해 우리는 진짜 좌절을 경험한다. 나도 모르게 욱하고 고함치고, 순간적으로 미운 마음까지 들고 나면 그 다음에 찾아오는 죄책감이 더 괴롭다.

'내가 왜 그랬을까? 아이는 아이일 뿐인데.'

'그러니까 아이인데, 그걸 못 참다니. 나는 나쁜 엄마야.'

소망하라, 신념을 가지라, 그러면 이루어진다

당신이나 나나 완벽한 부모는 되지 못한다. 누가 훌륭한 육아법으로 세 자녀를 모두 뛰어나게 키워 냈다는 기사를 믿지 마라. 그들도 우리와 성정(性情)이 같은 사람이라 아이를 키우면서 당연히 지치고 힘들어 때로는 화를 내면서 키웠을 것이다. 그럼에도 불구하고 그들은 '내 아이가 세상에서 가장 행복한 삶을 살게 해 줄 수 있는 유일한 사람이 바로 나'라는 신념을 가진 부모였을 것이라고 나는 확신한다.

그런 신념만 있다면 우리도 할 수 있다.

육아를 하면서 힘이 드는가?

'나는 내 아이를 가장 훌륭하게 키워 낼 수 있다'라는 신념에 집중하라. 그리고 나는 그 목표를 달성해 낼 수 있다는 확고한 믿음을 가져라. 그것이 날마다 죄책감에 빠져 '나는 나쁜 엄마야'라고 좌절하고, 심지어 '그러니까 대충 기르면 되지'라는 자기 합리화로 포기해

버리는 것보다 백 배, 천 배 더 낫다.

어차피 육아는 힘든 것이고, 힐의 '아가씨와 할머니' 그림처럼 내가 대상을 어떻게 인식하느냐에 따라 힘듦의 무게는 달라진다. 내가 아이를 잘 기르고 싶다는 '소망'을 가지고 있으면 그것은 아이를 잘 기를 수 있다는 '신념'으로 이어지고, 그 신념은 마침내 행복한 아이를 보게 되는 '현실'로 우리를 인도한다.

벽 앞에서 우는 부모가 되라. 죄책감 대신 소망하고 믿어라. 그러면 이루어진다. 그런 당신을 당신의 자녀도 응원한다. 결국 당신은 이길 것이다.

⚑ 이기는 부모 훈련

소망하라. 신념을 가지라. 그러면 이루어진다.

03
이제 아이에게
화내지 않아도 된다

아이가 잘못을 했을 때 화를 내는 부모의 반응은 우선 아이의 관심을 끌 수는 있다. 그러나 앞에서 언급한 것처럼 이 방법은 아이로 하여금 자신의 잘못된 행동에 대해 성찰하게끔 만들기보다는 어떻게 하면 혼나는 상황을 모면할 수 있을까에 몰두하게 만든다. 예를 들어 엄마 지갑에서 돈을 가지고 간 것을 보고 소리를 지르고 체벌한다면 아이는 그 행동에 대해 반성하고 책임을 지는 것이 아니라 '들키지 않는 방법'을 모색하게 될지 모른다.

또, 목에 핏대를 올리며 고함을 치는 것은 아이를 겁에 질리게 만들고 자기보다 힘센 아빠가 진짜 자신을 아프게 할 수도 있다는 생각 때문에 아이는 공황 상태가 된다. 이런 경우에 아이가 뭔가를 학습한다고 생각하는 건 부모의 환상일 뿐이다. 그 순간 아이가 배우는 건 자신도 그런 상황이 되면 부모가 했던 것처럼 소리를 지르고 화를 내며 때려도 된다는 생각을 가진 아이로 자라나게 만든다. 결론적으로 화를 내면 경각심을 갖게 할 수는 있겠지만 문제는 끊임없이 나타나고 반복될 것이다. 그러므로 대부분의 경우 화를 내는 의사소통은 효과가 없다.

부모가 성공적으로 화를 극복하는 방법

그렇다면 어떻게 화를 내지 않고 아이를 스스로의 행동에 대해 책임질 줄 아는 사람으로 성장시킬 수 있을까? 방법은 의외로 간단하다. 곧 부모가 화를 극복하는 방법을 배워 아이와의 의사소통 방법을 바꾸는 것이다.

부모가 성공적으로 화를 극복하는 방법을 매튜 맥케이(Mattew McK-ay) 등은《화내는 부모가 아이를 망친다》에서 이렇게 제시한다.

화나는 장면에서 부모가 해야 할 생각들

첫 번째: 이건 그냥 아이들이 커가는 단계일 뿐이야. 아이들은 이런 단계를 거쳐야 해.

두 번째: 이건 그 나이 또래로 보면 당연한 일이야.

세 번째: 너무 진지하게 생각하지 말자. 유머를 갖자.

네 번째: 이건 그냥 아이에게 있는 자연스러운 충동일 뿐이야.

다섯 번째: 아이는 나에게 일부러 그러는 게 아냐. 그냥 이 순간에 대처하기 위해 그런 것일 뿐이야.

여섯 번째: 아이는 그저 관심 받고 싶을 뿐이야.

이기는 부모

일곱 번째: 그냥 지나가는 과정이야. 나는 대처할 수 있어. 나는 화
내지 않아도 돼.

아이가 만일 욕실의 샤워기로 거실 바닥에 물을 뿌렸다고 하자. 이
때 위의 생각을 적용해 보는 것이다.

"아이들은 이렇게 크는 거야. 이맘때는 당연한 일이지. 나도 그랬
잖아? 너무 진지하게 생각하지 말자. 웃어 보자. 이건 그냥 실수로 그
런 거야. 일부러 그런 게 아니거든. 아이는 샤워기 물이 밖으로 나와
이렇게 엉망이 될 줄 모르고 한 거야. 어쩔 수 없지. 부모라면 다들
이렇게 겪어 가는 거야. 나는 대처 능력이 있어. 화내지 않아도 돼."

멋지지 않은가? 소리를 지르고 화를 낸다고 해서 엉망이 되어 버
린 거실이 정리 정돈되는 것도 아니고, 이런 반응은 자신의 건강에도
더더욱 좋지 않다. 의학자들은 화를 내는 순간 우리의 몸속에서는 독
성을 가진 아드레날린이 분비된다고 한다. 아드레날린이 분비되면
활성 산소가 생성되는데, 이는 혈관의 흐름이 갑자기 빨라질 때 많이
생기는 물질이다. 아드레날린 자체의 독성도 문제지만 오랫동안 아
드레날린에 노출되면 활성 산소 때문에 몸이 노화되고 손상된다. 일
소일소 일로일로(一笑一少 一怒一老, 한 번 웃으면 한 번 젊어지고 한 번 성내면
한 번 늙는다) 다. 화내면 빨리 늙고 병든다는 말은 충분한 의학적 근거
를 가진 말이다. 화를 내면 낼수록 손해다.

그런가 하면 화를 내는 건 아이에게도 좋지 않다. 사회과학자들

의 연구에 의하면 화내는 부모의 아이들이 더 공격적이고 더 반항적이다. 그리고 타인의 감정에 대해서도 공감할 줄 모른다. 또한 학업 성취, 활동성, 적응력 등 모든 영역에서 낮은 성취도를 나타낸다. 그런 아이는 성인이 되어서도 우울증과 소외감 지수가 높고, 배우자에게 폭력을 행사하는 경우가 많다고 한다. 이런 사람들은 직장 생활을 해도 다른 사람들과 협력하지 못해 경제적 성공에 이르는 경우가 드물다.

이처럼 아이에게도 좋지 않고 양육하는 부모에게도 좋지 않은 화는 낼 필요가 없다. 그래도 분노가 올라온다면 위에서 제시된 일곱 가지 생각을 하며 웃어 보자.

화내지 않는 육아 혁명: 의사소통 방법 바꾸기

더불어 아이와의 의사소통 방법을 바꾸면 화내지 않는 육아를 할 수 있다. 방법은 아주 간단하다. 아이에게 그 상황에서 엄마가 느끼는 감정을 분명하게 말하는 것이다. 매튜 맥케이와 그의 동료들은 그 방법을 다음과 같이 제시한다.

예를 들어 아이가 샤워기로 거실에 물을 뿌린 상황을 생각해 보자.

첫째, 그러한 아이의 행동에 대한 내 느낌과 감정을 먼저 확인한다. 아이가 그렇게 했기 때문에 나는 당황스러웠고, 깜짝 놀랐다. 그리고 거실이 엉망이 되어 치울 걸 생각하니 짜증이 났다.

둘째, 물을 뿌린 아이의 행동이 나에게 왜 그런 감정을 느끼게 했는지 객관화시킨다. 이제 막 퇴근해서 빨래 걷고, 저녁밥 짓고, 청소도 해야 하는데 일거리가 더 많아져 그러잖아도 피곤한 상태라 힘이 빠졌다.

셋째, 내가 진짜 원하는 것을 명확하게 한다. 나는 아이가 다시는 거실을 향해 샤워기를 틀지 않고, 마른 수건을 들고 와서 젖은 물건들과 바닥을 닦았으면 좋겠다.

이와 같이 감정이 정리되고 나면 위의 세 가지 요소를 결합하여 내가 아이에게 전달할 메시지가 분명해진다.

"네가 거실에 물을 뿌렸을 때, 엄마는 당황스러웠고, 깜짝 놀랐고, 짜증이 났어. 왜냐하면 피곤했기 때문이야. 나는 네가 마른 수건을 들고 와서 젖은 물건들과 바닥을 닦았으면 좋겠어."

이렇게 명확한 메시지로 아이와 의사소통을 한다면 아이를 비난하거나 아이에게 화를 내지 않고 사건에 대한 나의 감정을 전달할 수 있다. 그렇게 할 때 아이는 엄마의 감정에 공감을 하게 되고, 자신의 행동에 대해 성찰이 가능하게 되어 행동을 교정하게 된다. 이런 과정을 통해 아이와의 관계가 좋아지게 되면 '아이를 기르는 것보다 더 큰 기쁨은 없다'라는 고백을 하게 될 것이다.

문제 상황이 발생했을 때, 그것을 객관화하여 생각을 먼저 바꾸고 아이와의 의사소통 방법만 바꾼다면 화내지 않고 아이 키우기는 얼마든지 가능하다. 처음에는 어려운 것 같은데, 두세 번만 실천해 보면 우리의 뇌는 짧은 시간에 모든 상황을 스캔하고 적용해 내는 놀라운 능력을 지녔다는 걸 발견하게 될 것이다. 나도 두 아이를 기르면서 이 방법으로 많은 도움을 받았다. 그리고 내가 만난 모든 학부모들에게 이 방법을 실천해 보라고 했더니 거의 100퍼센트 효과가 있었다고 한다.

이제 아이에게 화내지 않아도 된다.

🪧 **이기는 부모 훈련**

1. 생각을 훈련하라.
2. 내 감정을 객관화하라.
3. 아이와 소통하라.

04

섬김을 통해 존재 의미가
채워지는 종족, 엄마는 그런 족속이다

"부모가 행복해야 아이가 행복하다."

"부부가 행복해야 가정이 평안하다."

육아서의 대부분은 엄마나 아빠가 먼저 행복해야 자녀를 행복하게 키울 수 있다고 말한다. 맞는 말이다. 부부 관계가 좋아야 아이를 잘 돌볼 수 있고, 필요한 것들을 공급해 줄 수 있으니 당연한 것이다. 하지만 이런 생각은 '양육 완벽주의'로부터 기인한다.

완벽하게 아이를 길러야 한다는 부담이 그렇지 못한 사람들에게는 죄책감으로 이어져 마음을 불편하게 하니까 그것으로부터 벗어나게 해 보자는 반작용으로 나온 게 "엄마가 행복해야 아이가 행복하다"는 캐치프레이즈다.

엄마가 행복해야 아이가 행복하다?

그 말은 절반은 맞고 절반은 틀렸다. 이는 관점의 문제다. 오히려 아이를 기쁘게 해 줌으로써 부모도 행복할 수 있다.

옛말에 "마른 논에 물 들어가는 것과 자식 입에 밥 들어가는 것이 제일 기쁘다"라는 말이 있다. 곡식은 심어 놨는데 가뭄으로 논바닥이 거북등처럼 타들어 갈 때 농부는 얼마나 마음이 아플까. 이럴 때 하늘을 가르고 비가 쏟아져 자기 논으로 흘러 들어갈 때의 기쁨은 어디에도 비할 것이 없다. 그런데 그것과 비교가 안 되는 게 자식 입에 밥 들어가는 걸 보는 부모의 기쁨이다.

우리 형제는 모두 일곱이다. 위로 오빠가 둘, 언니가 셋, 남동생, 그리고 나.

남의 집 단칸방에 세 들어 살면서 자식 일곱을 먹여야 했던 엄마는 텃밭에 심은 얼마 안 되는 푸성귀를 열심히 가꾸고 새벽부터 들판과 마을 뒷산을 바지런히 뒤져야 식구들의 점심과 저녁상을 차릴 수 있었다. 하루하루 매끼를 걱정해야 하는 엄마의 마음을 모든 것이 풍족한 지금의 나는 만 분의 일도 모른다. 다만 한 가지, 내 아이를 기르면서 자식들의 입에 밥이 들어갈 때 느끼는 기쁨을 통하여 비추어 알 뿐이다. 둥그런 나무 밥상 하나에 몸을 옆으로 비껴가며 둘러앉은 아이들이 커다란 양푼에 담긴 밥을 앞 다투어 한 숟가락씩 입에 넣을 때 엄마는 저만치 물러앉아 빙긋이 웃으며 말씀하시곤 했다.

"얘들아, 체할라, 천천히 먹어. 밥은 더 있으니까."

이기는 부모

어떤 분은 늘 형제끼리 먹고 남은 생선 머리 부분만 먹고 있는 엄마를 보고 '우리 엄마는 생선 머리를 더 좋아해'라고 생각했는데 어느 날 늙은 엄마가 가운데 토막을 맛있게 드시는 걸 보고 미안한 마음이 들었다고 했다. 지금도 많은 부분에서 부모들은 그런 삶을 산다. 먹고 싶은 것도 아이가 우선이고, 하고 싶은 것도 아이 때문에 절제하며 살아간다. 그러면 주변에서 이렇게 말을 한다.

"네가 아무리 안 먹고, 안 입고, 여가도 즐기지 못하면서 키워 놔도 자식은 그 마음 모른다. 자기가 잘나서 잘된 줄 안다니까. 주변 한 번 둘러봐라. 자식에게 배신당하는 부모가 얼마나 많은지. 그러니 자식에 목매달고 살 필요 없어. 인생 한 번 뿐인데 그렇게 살고 가면 억울하지 않니?"

그러면서 덧붙이는 말. "엄마가 행복해야 아이도 행복해."

섬김을 통해 존재 의미가 채워지는 종족, 엄마는 그런 족속이다

앞서도 말했듯이 그 말이 다 맞는 건 아니다. 잠을 좀 못자더라도 아이에게 맛있는 아침 밥상을 차려 줄 때 '내가' 행복하다. 취미 생활 좀 못 하더라도 학원 가는 아이의 저녁을 챙겨줄 때 '내가' 행복하다. 아이들이 물린 밥상에 앉아 먹다 남은 반찬을 먹어도 "엄마, 감사해요. 맛있는 밥을 차려 주셔서"라는 말 한마디 때문에 행복하다. 그게 엄마다. 그게 부모다. 부모 됨의 기쁨은 이런 것이다. 해 준 것에 대한 감사나 보상이 있어서가 아니라 해 줄 수 있어서 기쁘다. 아이가 성장해서 날갯짓하고 떠나가면 떠나가는 대로 기쁘고, 남아 있으면 남아 있는 대로 기쁜 것이 부모다. 내 친구는 금자동아 은자동아로 예쁘게 키워 논 외동딸이 대학 졸업도 하기 전에 덜컥 결혼해서 떠나버렸다며 서럽게 울었다.

"내가 저를 어떻게 길렀는데……."

친구들이 말했다.

"애, 그러면 마흔이 넘고 쉰이 넘어서도 시집 안 가고 네 옆에 있었으면 마음 편하겠냐?"

위로는 못 해 줄망정 인정머리라곤 하나도 없는 것처럼 말하는 우리를 보며 친구가 말했다.

"그렇지? 나이 들어 독립 못하면 그것도 속상하겠지?"

무언가를 줌으로서 얻는 행복, 훌쩍 떠난 자식의 빈자리를 보면서도 '지금까지 내 품에 있어 줘서 고맙다'는 생각으로 인해 뭉근하게 감사가 솟는 그가 진짜 부모다.

아이가 학교에 가야 하는데, 전날 야근으로 인해 몸이 물먹은 솜처럼 무거워 일어나지 못할 때 "피곤하니까 더 주무세요. 제가 알아서 먹고 갈게요" 하고 혼자 마른 빵을 먹고 갔다면 당신은 행복하겠는가? 온종일 미안한 마음이 들 것이고 죄책감과는 다른 종류의 후회가 마음속에서 일어날 것이다. 그럴 땐 차라리 내 몸 좀 피곤하더라도 졸린 눈 비벼 가며 달걀 프라이 위에 들기름 한 방울 뿌려 아이 앞에 내놓을 때 뿌듯해진다. 엄마라는 존재는 그런 기쁨으로 자식 키우는 보람을 느끼도록 설계되어 있다. 자녀 섬김을 통해서 존재 의미가 채워지는 종족, 엄마는 그런 족속이다. 부모에게 그런 섬김을 받아 본 아이가 자존감이 높다. 그런 아이가 인생의 어떤 문제 상황에서도 긍정의 안경을 쓰고 세상을 본다. 그런 아이가 사랑할 줄 알고 사랑받는 사람이 된다.

부모가 아이에게 줄 수 있는 진정한 사랑

이쯤에서 우리는 부모가 아이에게 줄 수 있는 진정한 사랑이 무엇인가에 대해 정리해 보자.

첫째, 진정한 사랑이란 아이를 기쁜 마음으로 섬기되 제멋대로 행동하도록 내버려 두지 않는 것이다. 방임하는 사랑은 참 사랑이 아니다. 때로는 따끔한 질책이 무조건적인 사랑보다 낫다.

둘째, 진정한 사랑이란 아이가 도전하다 넘어져도 묵묵히 옆에서 지켜보는 것이다. 스스로 털고 일어날 수 있게 하는 그것이 진짜 사랑이다.

셋째, 진정한 사랑이란 궁극적으로 아이에게 필요한 가치들을 배워 갈 수 있는 기회를 제공하는 것이다. 부모가 요구를 들어 주거나 벌을 주면 일단 아이들은 울음을 그친다. 그러나 순간의 위기만 넘기려는 방법은 결단코 아이에게 유익할 수 없다.

《아이에게 가치를 가르치는 방법》의 저자인 리차드 에어(Richard Eyre)는 이렇게 말했다.

"부모 노릇을 하는 데 한 가지 아이러니는 아이를 사랑하는 것이

자칫 아이에게 해가 될 수 있다는 것이다."

진짜 아이를 사랑하는가? 그렇다면 참 섬김을 실천해 보자. 어렸을 때 부모의 참 사랑을 받아 본 아이가 자신을 사랑할 줄 알고, 남을 사랑할 줄 알며, 다른 사람으로부터 사랑을 받는다.

🚩 **이기는 부모 훈련**

부모 됨의 참 기쁨은 자녀를 섬길 때 찾아온다.

이기는 부모

05
포기할 줄 모르는 부모가
매너 있는 아이를 만든다

이런 부모들이 있다.

"선생님, 우리 아이는 나물을 잘 먹지 않는데, 좀 고쳐 주세요."

"우리 애는 정리 정돈을 못하는데 잘할 수 있게 해 주세요."

"우리 애는 늦잠이 많아서 지각을 자주 하는데 야단쳐도 잘 안 고쳐져요. 선생님이 좀 해결해 주세요."

"선생님들이 인성 교육 다 해 주시지 않나요?"

"그런 거는 당연히 학교에서 가르쳐야지요."

학교에서 좀 해결해 주세요

요즘은 학생에 관한 모든 것을 학교로 하여금 책임을 지게 하는 사회 분위기가 되고 있다. 학교 안에서 아이들끼리 다투는 것은 말할 것도 없고, 방과 후 태권도장에서 다른 학교 아이와 다투어도 학교 폭력 사안으로 학교가 해결해야 되는 상황이다 보니 교사들이 가장 기피하는 일이 학교 폭력 관련 업무다.

4년 전, 그해 첫 발령을 받은 신규 선생님께 "한 달 정도 근무해 보니 어때요?"라고 물었더니 그녀가 했던 말, "교사는 수업만 잘하면 되는 줄 알았어요."

그 대답에 숨겨진 함의(含意)를 나는 잊을 수가 없다.

그 어렵다는 임용고시에 합격하고, 어렸을 때부터의 꿈이었던 교사가 되어 첫 출근할 때의 기쁨은 경험해 본 사람은 안다. 교사 뿐이랴. 모든 청춘들이 자기가 그토록 원하는 직장에 들어갔을 때 가슴이 뛴다. 그 후배도 대학에서 배운 대로, 자기가 소망한 대로 아이들을 가르쳐 보겠노라고 각오가 대단했을 것이다. 선배들로부터 많은 자료도 모으고 누구보다도 잘할 수 있다고 생각하며 첫출발을 했는데, 막상 교실 현장은 그렇지 않았다는 뜻이다. 매일 뒹굴며 싸우고, 복도를 뛰어다니고, 김치가 맵다고 징징대며 우는 아이들을 보면서 기대와 현실 사이의 높은 벽을 체험한 것이다. 일선 학교의 '웃픈' 현실이다.

출처가 어디인지 정확히는 알 수 없지만 페이스북에 지인이 올려놓은 이런 글을 본 적이 있다.

"학교의 책임은 어디서부터 어디까지인가? 사실 이 문제는 아주 오랫동안 끊임없이 제기되는 질문입니다. 특히, 학교와 부모 사이에서 아이들의 책임 범위를 정하고자 할 때 고려되는 사항이죠. 그런데

이기는 부모

포르투갈의 한 학교는 이 사안을 명확히 하기 위해서 강당에 포스터를 붙이기로 했습니다. 그리고 이 내용은 학교의 이름으로 페이스북에 올라왔고, 삽시간에 전 세계로 퍼져 나가기 시작했습니다. 아주 심플하면서도 효과적인 이 내용은 부모님이 가정에서 해야 할 다섯 가지 사항을 강조하고 있습니다."

학부모님들께!

1. '안녕하세요, 부탁합니다, 환영합니다, 미안합니다, 고맙습니다'와 같은 아주 유용한 표현들은 모두 가정에서 배우기 시작해야 함을 알려 드립니다.

2. 또한 아이들은 정직함, 약속 시간을 지키는 것, 부지런함, 동정심을 느끼는 것, 어른과 선생님을 존중하는 것 역시 가정에서 먼저 배워야 합니다.

3. 청결하게 지내야 하는 것과 입에 무언가 있을 때는 말하지 않으며, 어디에 어떻게 쓰레기를 버려야 하는지는 가정에서부터 배우게 해야 합니다.

4. 또한 정리와 계획하는 방법, 소지품을 잘 관리하는 법, 아무 때나 사람을 만져서는 안 된다는 것도 가정에서 먼저 배워야 합니다.

5. 여기 학교에서는 언어, 수학, 역사, 지리, 물리, 과학 및 체육을 가르칩니다. 우리는 단지 아이들이 부모님으로부터 받은 교육을 한층 더 심화해 줄 뿐입니다.

이 글에 대해 공감하든 그렇지 않든 우리는 많은 부분 인성 교육을 어린이집이나 유치원, 학교에 맡기는 사회 분위기 속에 살고 있다. 연말이면 실시하는 학부모 대상 설문지에는 '인성 교육'을 해 달라는 요구가 많다. 학교도 그것에 중점을 두고는 있지만 가정에서 형성된 습관이나 부모와의 관계에서 고착화된 행동양식을 교정하기는 정말 힘들다.

"선생님, 우리 애는 집에서 동생이랑 많이 싸우는데 학교에서는 어떤지 잘 모르겠어요."

그럴 때 내가 늘 하는 말이 있다.

"집에서 홍길동이었던 아이가 학교에 온다고 박길동으로 변하는 건 아니잖아요."

옛날 어른들은 "집에서 새는 바가지 나가서도 샌다"라는 말로 가정교육의 중요성을 이야기했다. 집에서 버릇없게 굴던 아이가 나가서 예의 바르게 행동하는 경우는 극히 드물다. 가끔 전혀 다른 모습을 보이는 아이들이 있긴 하지만 몸에 밴 습관과 입에 익은 언어가 장소를 옮겼다고 달라지는 경우는 거의 없다. 낭중지추(囊中之錐, 주머니속의 송곳)란 말처럼 가지고 있는 습관은 언젠가는 밖으로 드러나게 되어 있다. 쟝 피아제(Jean Piaget)와 레프 비고츠키(Lev Semenovich Vygotsky)가 말한 아이들의 발달 단계를 봤을 때, 감각 동작 단계와 전조작기를 거쳐 지나는 아이들에게 가정에서의 기본 생활 교육은 정말 중요한 과제다.

습관이 몸에 배면 그 상태를 가장 편하게 느낀다

부모 앞에서 하는 행동 그대로 아이들은 나가서도 행동을 한다. 제발 학교 가서는 말썽꾸러기가 되지 않기를 소망해 보지만 기대처럼 되지 않는다. 성인이 되어 직장에 다녀도 마찬가지다. 대개의 경우 늘 지각했던 그 사람이 지각을 한다. 항상 일찍 출근하는 사람이 20분 정도 늦는다면 '아마 교통 체증 때문일 거야'라고 기다리지만 매일 늦는 그 사람이 10분을 늦는다면 '역시! 오늘은 또 무슨 핑계를 댈까?'라고 모두들 생각한다. 이처럼 집에서 몸에 밴 습관들은 그 사람의 일생에 걸쳐 영향을 끼치고, 성공과 실패를 가늠하는 지렛대 역할을 한다. 그래서 우리 모두는 가정에서의 인성 교육에 매진하는 것이다.

내가 아는 분은 아이가 어린이집을 다닐 때부터 딱 세 가지만 강조했다고 한다. 이 닦기, 옷 갈아입기, 부모님이나 선생님이 부를 때 반드시 "네, 엄마", "네 선생님" 하고 대답하기.

끊임없이 가르치고, 반복했더니 고등학생이 된 지금은 어디를 가도 바른 몸가짐과 밝은 얼굴로 누구에게나 예의 바르게 행동하는 사람이 되었다고 한다. 그런 아이를 친구들도 모두 좋아해서 언제나 반장이나 전교회장은 도맡아 하고, 학교의 모든 선생님들에게서도 요즘 보기 드문 매너 있는 학생이라는 찬사를 받는다고 했다. 그 과정이 수월했을까? 결코 그렇지 않았을 것이다. 그 아이도 이 닦기 싫어했을 것이고, 옷 갈아입기 싫어하는 남자였으며, 부모가 부를 때 "왜

요?"가 튀어나왔던 아이였을 것이다. 그럼에도 불구하고 부모는 매일 치열하게 아이와 밀고 당기기를 하면서 그런 습관들을 몸에 배게 했을 것이다.

습관은 일상적으로 반복되는 행위다. 이 습관은 후천적인 행동 양식이어서 반복하여 수행하다 보면 고정화되어 버리는데, 사람은 누구나 그것을 편하게 느낀다. 좋은 습관이 몸에 밴 아이는 그 상태가 오히려 편안하게 느껴져서 다른 친구들이 버릇없게 행동할 때 불편함을 느낀다. 이처럼 몸에 밴 좋은 습관은 좋은 인성으로 자리매김하게 되고, 그것은 존재를 결정하는 인격이 되어 타인들로부터 존중받게 한다.

세상 어디를 가도 환영받는 매너를 가진 자녀가 되기를 원하는가? 그 비결은 가정에, 포기할 줄 모르는 부모에게 있다.

⌐ 이기는 부모 훈련

이 닦기, 옷 갈아입기, 네 하고 대답하기 등의 기본적인 습관이 몸에 밸 때 존중받는 아이가 된다.

06
이기는 부모가 가진
세 가지 믿음

　모든 것이 풍족한 세상이 되었지만 갈수록 부모 노릇하기는 힘든 시대다. 이 책은 부부가 온전한 가정을 이루고 자녀를 기른다는 전제를 바탕으로 쓴 것이어서 독자 중에는 읽는 내내 불편했던 사람도 있을 것이다. 처음에는 부부가 함께 기쁨으로 보듬었지만 여러 가지 이유로 혼자 아이를 길러야 하는 분도 있을 것이고, 때로는 원치 않게 자녀를 갖게 되어 어쩔 수 없이 키우고 있는 사람도 있을 것이다. 내가 만난 분들 중에는 혼자서도 딸 둘을 훌륭하게 키워 낸 아버지도 있고, 요즘 시골 초등학교에서는 부모가 이혼하여 할아버지 할머니가 손주를 양육하는 조손 가정 아이들을 더 많이 만난다.

　"쉬운 인생이란 없다."
　지금까지 내가 많은 학부모(정확히 말하면 아이들의 보호자)들을 상담하고 코칭해 오면서 내린 결론이다.

부모라는 멍에를 기쁘게 지고 가는 사람들

많은 사람들이 가슴에 묻은 사연 하나씩은 가지고 산다. 그렇지만 내가 만난 사람들 가운데 그 '사연'을 이유로 아이를 잘 키우겠다는 의지까지 접어 버린 채 아이를 방치하는 부모(보호자)는 한 명도 보지 못했다. 어떤 아버지는 기름 값 한 푼 아끼려고 교통 체증이 덜한 야간에 장거리 화물차를 운전하는데, 반드시 아이가 먹을 아침밥상은 차려 두고 나간다고 했다. 늦은 오후에 상담을 하러 와 "저녁 챙겨 주고 저도 일 나가려면 시간이 없어서"라며 황급하게 자리를 떴던 그 아버지의 벌겋게 충혈된 눈을 나는 아직도 잊을 수 없다. 아버지라는 한 가지 이유로 부모라는 멍에를 기쁘게 지고 가는 그런 분들을 보면서 나는 이 땅의 자녀 교육에 희망을 본다.

그야말로 모든 부모는 자녀를 기르기 위해 최선을 다한다. 육아서 한두 권 사 보지 않았거나 부모 강연 한두 번 들어 보지 않은 사람은 아마도 없을 것이다. 그래서 아이가 중고등학생이 될 때까지는 제법 많은 책들이 책꽂이에 꽂힌다.

하지만 문제는 그 많은 정보를 통해서도 자녀 교육에 대한 해답을 찾기 힘들다는 데 있다. 감기에 걸리지 않도록 해 준다는 가습기를 열심히 썼는데, 분무액에 섞은 살균제가 아이들의 폐를 섬유화시켰다는 뉴스가 사람들을 경악시켰던 것처럼, 넘쳐나는 자녀 교육 이론 속에서 부모들은 갈팡질팡한다. 어떤 분은 6개월 이후에는 혼자 재우는 것이 좋다고 해서 실천했더니 아이의 이유 없는 불안의 원인이 바로 그것이라고 정신과 의사가 말했을 때 하늘이 무너지는 것 같았다고도 했다. 흔히들 많이 쓰는 타임아웃도 모든 아이에게 효과가 있는 건 아니다.

자녀 교육에는 정답이 없다

선생님이 눈 한 번만 크게 떠도 움찔하며 잘못된 행동을 수정하는 아이가 있는가 하면, 반성문을 열 번 써도 고쳐지지 않는 아이도 있다. 그나마 반성문 한 줄이라도 쓴다면 눈 감고 용서해 줄 만한 건더기라도 생길 것인데, 아예 "저는 그런 거 안 써요" 하면서 버티는 아이를 만나면 그야말로 대책이 없다. 엄마가 상담도 하고, 아빠가 혼을 내 보고 해도 그때뿐이지 행동의 교정은 좀처럼 힘들다. 우리 집 애들만 해도 형과 동생은 전혀 다르다. 큰아이는 벌레 한 마리가 지나가도 움찔하는데, 작은아이는 맨손으로 쓱 뭉개면서 눌러 버린다. 또 큰아이는 잘못을 지적할 때 말 몇 마디만 해도 눈물을 뚝뚝 흘렸는데, 둘째는 내 지갑에서 돈을 훔쳐 가도 끝까지 발뺌하다가 꼼짝없는 증거를 제시하면 그제야 이실직고를 했던 적도 있다.

그런가 하면 멀쩡했던 아이도 환경이 변하면 이전에 보이지 않았던 행동을 하기도 한다.

나는 7남매 중에 여섯째로 태어났다. 위로 오빠가 둘, 언니가 셋 있었는데 막내였던 나는 언제나 아버지 무릎에서 자랐다. 엄마 말에 의하면 아버지는 앞서 태어난 언니 오빠들은 제대로 한 번 안아 주지도 않았다는데 유독 막내인 나를 그렇게 예뻐하셨다고 한다. 손님들이 찾아와도 아버지는 늘 무릎에 나를 앉혀 놓았고, 그 때문에 친척들이 찾아와도 막내인 나에게만 돈을 주고 갔다. 외갓집에 갈 때도 다른 형제들은 두고 가도 나는 아버지의 등에 업혀 산길을 넘었다. 세 살밖에 되지 않았는데도 그런 기억은 생생하다. 그런데 막내가 태어났다. 그때부터 부모님을 비롯한 모든 식구들의 관심은 새로 태어난 남동생에게 집중되었다. 집안을 방문하는 모든 사람들도 내게 더는 눈길조차 보내지 않았고, 용돈도 주지 않았다.

처음엔 나도 동생이 생겨 아주 좋아했었는데 모든 사랑을 빼앗아 가 버린 막내가 미웠다. 나도 동생처럼 되어 보려고 응석을 부렸지만 아무도 쳐다보지 않았고, 오히려 다 큰 애가 어리광을 부린다며 혼만 났다(나는 겨우 서너 살이었다). 그런 날은 아무도 없는 틈을 타서 동생 얼굴을 할퀴었는데, 어떻게 알았는지 식구들은 나를 향해 못된 아이라며 손가락질을 했다. 약이 올랐던 나는 친척들이 동생에게 지폐를 주고 가면 동생을 꼬드겨 반짝반짝 빛나는 십 원짜리 동전 몇 개와 바꾸기도 했는데 그러면 또다시 혼이 나는 일이 반복되었다. 아무리 사랑받아 보려고 애를 써도 늘 어른들의 관심 밖이었던 나는 그 후로도 오랫동안 동생이 미웠고, 식구들도 나를 싫어하는 것 같아 너무 슬펐다.

아이마다 다르다. 그래서 요즘 학교에서는 맞춤형 교육이 대세다. 옛날에는 IQ가 높은 아이들이 모든 영역에서 우수하다고 생각하고 아이들을 지도했지만 지금은 다중 지능 검사를 통해 아이의 특성을 파악한다. 다중 지능은 하워드 가드너(Howard Gardner)에 의해 체계화된 것으로 언어, 논리 수학, 공간, 신체 운동, 음악, 대인관계, 자기 이해, 자연 탐구의 여덟 가지 영역으로 구성된다. 모든 지능이 우수한 아이는 없다. 반대로 모든 지능이 약한 아이도 없다. 그중에서 아이들이 가장 잘하고 좋아하는 한 가지 강점 지능만 살리면 된다. 아이들은 적절한 교육 환경이 주어지기만 한다면 강점 지능을 발휘하여 비교적 높은 수준의 성취가 가능하다. 이렇게 일단 한 분야에서 성취를 이루어 내게 되면 그 성공의 경험을 통해 아이는 자존감이 높아지고 이후에는 다른 분야에도 도전하게 되어 좋은 결과를 이루어 낸다는 많은 연구 결과들이 있다.

양육자가 가져야 할 믿음

훈육에는 정답이 없다. 아이마다 기질도 다르고, 성장 속도도 다르고, 받아들이는 것도 다르기 때문이다. 그렇기 때문에 부모는 우리 아이가 어떤 아이인가를 면밀하게 관찰하면서 양육해야 한다. 아이가 전에 없던 고집을 피우거나 사고뭉치가 되고 있다면 내 경우처럼 갑자기 바뀐 환경 때문은 아닌지 살펴봐야 한다. 오직 아이들의 목적은 관심을 끄는 것이며, 관심을 끌기 위해서라면 무엇이든 한다는 걸 기억하자. 그렇기 때문에 절대로 아이의 행동으로 인해 감정이 격해진 상태에서는 아이를 가르치려고 하지 말아야 한다.

아이를 진정으로 사랑하는 부모는 통제하기 어려운 상황에서도 이렇게 믿는다.

이 아이는 신이 나에게 보내준 완벽한 선물이며 독창적 개성이 있는 아이다. 부모인 나는 이 아이의 독창성이 밖으로 잘 드러나도록 도와주는 퍼실리테이터(facilitator, 진행 촉진자)로서의 역할만 하면 된다. 나는 내 아이가 충분히 행복한 사람으로 성장할 수 있도록 도와줄 능력도 갖추고 있다.

이 믿음이 우리로 하여금 정답이 없는 상황에서도 가장 적확(的確) 한 해법을 찾아가게 한다.

☞ **이기는 부모가 가져야 할 세 가지 믿음**

첫째: 이 아이는 신이 나에게 보내준 완벽한 선물이며 독창적 개성이 있는 아이다.

둘째: 부모인 나는 아이의 독창성이 밖으로 잘 드러나도록 도와주는 퍼실리테이터로서의 역할만 하면 된다.

셋째: 나는 내 아이가 충분히 행복한 사람으로 성장할 수 있도록 도와줄 능력도 갖추고 있다.

07

인생이 이룰 수 있는 최고의 성공,
아이를 기르는 것

모든 부모는 아이를 사랑한다. 이 사랑이 우리로 하여금 오래 참게 하고, 화내지 않게 하며, 아이의 모든 것을 용납하려고 노력하게 한다. 그런가 하면 사랑하기 때문에 아이가 무례하게 행동하는 것을 꾸중하며, 사랑하기 때문에 위험한 행동에 대해 야단치고, 사랑하기 때문에 일일이 간섭한다. 사랑하기 때문에…….

그러나 우리는 안다. 지나치게 허용적인 부모나 지나치게 통제하는 부모에게서 자란 아이들이 결코 부모가 원하는 이상적인 모습으로 자라는 게 아니라는 것을.

나는 쇼핑센터 에스컬레이터에서 오가는 많은 사람들을 볼 때 생각이 깊어진다. 휴대폰을 들고 통화를 하는 사람, 방금 받은 영수증 전표를 다시 열심히 계산해 보는 사람, 쓸데없는 것까지 너무 많이 샀다는 잔소리를 들으며 그럴 거면 당신이 살림 한번 살아 보라고 다투는 부부에 이르기까지. 그중에는 연예인보다 더 멋진 외모에 커플룩을 입은 젊은 부부도 있고, 머리에서 발끝까지 명품을 걸친 사람들도 더러 보인다. 저마다의 사연을 이야기하며 삼삼오오 오르내리는 그들 가운데서 나는 행복을 찾지 못한다.

오히려 행복은 카트에 앉아 목젖을 드러내며 까르르 웃고, 발을 통통거리며 먹던 사탕을 꺼내 아빠의 입속에 넣어 주는 아이를 둔 가족에게서 발견된다. 넘치도록 물건을 싣고 가는 사람에게서도, 간단한 먹거리를 사서 가벼운 걸음으로 커피 컵을 들고 걷는 젊은 부부에게서도 찾지 못했던 평안이 거기에 있다. 아이와 함께 있는 부모의 모습이 가장 행복해 보인다. 거기에는 부모에 대한 아이의 바위 같은 믿음이, 자녀를 향한 부모의 조건 없는 사랑이 있다. 진짜 낙원이 있다면 아마도 그런 모습의 변형이 아닐까.

진짜 행복, 아이와 함께 있는 가족에게 있다

벨기에의 작가이자 시인인 모리스 마테를링크(Maurice Maeterlinck)가 쓴 희곡 《파랑새》에는 가난한 나무꾼 집에서 태어난 남매 치르치르와 미치르 이야기가 나온다. 성탄절 전야라 이웃의 모든 집에는 크리스마스트리의 불빛이 찬란하고, 행복한 웃음소리가 들려온다. '우리는 왜 지지리도 가난한 집에 태어나 이렇게 불행하게 살까?' 이런 생각을 하며 남매는 잠자리에 든다. 꿈속에서 치르치르와 미치르는 자신들이 가장 불행하다고 생각해 행복의 파랑새를 찾아 집을 떠난다. 요정들의 도움을 받아 하늘나라에까지 가서 많은 사람들과 이야기를 나누고 행복의 파랑새를 찾아보았지만 찾지 못했다. 늘 부러워하던 궁전에도 가 보았지만 향락과 허무만 있을 뿐 거기에도 파랑새는 없었다. 남매는 높은 권력자의 집에서도, 큰 성공을 거둔 사람의 집에서도 파랑새를 찾지 못한 채 터덜터덜 집으로 돌아오다 대문 앞에서 깜짝 놀란다. 그토록 찾아 헤맸던 행복의 파랑새가 자기 집 처마 밑에서 울고 있었던 것이다.

이 이야기는 우리에게 많은 생각거리를 던진다. 다른 사람들은 아이를 잘 키우는 것 같은데 나만 그렇지 못하다고 느껴질 때가 있다. 어떤 날은 내 아이가 세상에서 가장 불쌍해 보인다. '우리 아이도 늘 짜증내고 소리 지르는 내가 아니라, 교양 있는 좋은 부모를 만났더라면 훨씬 행복하게 자랄 수 있을 텐데'라는 생각까지 들면 괜스레 미안해지기도 한다.

하지만 이런 자괴감과 스스로에 대한 불만족은 다른 사람과 비교할 때만 찾아오는 초대하지 않은 손님이다. 우리는 이런 불청객을 단호하게 거절해야 한다. 내 아이는 내가 가장 잘 알고, 내가 가장 잘 기를 수 있다. 그렇기 때문에 하나님은 이 아이를 나에게 보냈다.

《어린 왕자》,《야간비행》의 작가로 알려진 생텍쥐페리(Saint Exupery)는 프랑스 출신의 조종사였다. 스무 살에 조종사 면허를 받고 스물두 살에 공군 소위로 제대해 직업 조종사로 근무했던 그가 서른다섯 살에 사하라 사막에 불시착했던 일이 있었다. 5일 동안 물 한 모금 먹지 못하고 동료와 함께 사막을 헤쳐 나오다 기적적으로 원주민에게 발견되어 목숨을 건졌던 그에게 기자들이 몰려들어 물었다.

"당신은 어떻게 사막 한가운데서 살아 나올 수 있었습니까?"

"당신에게 가장 힘이 된 것은 무엇이었나요?"

그는 이렇게 대답했다.

"가족입니다. 가족을 생각하면서 한계 상황을 극복해 나갔습니다."

그렇다. 가족이 있기 때문에 내 존재는 의미가 있고, 살아가야 할 이유가 있으며 어떤 고난도 이겨낼 수 있는 힘이 생긴다. 내게는 나를 응원하는 아이와 가족이 있고, 무엇보다 나를 응원하는 내가 있다.

두려움은 인생 최대의 적

사람들에게 "당신의 인생에서 가장 중요한 것이 무엇입니까?"라고 물으면 가치관에 따라 건강, 돈, 친구 등의 여러 가지 대답을 한다. 이 질문을 아이가 있는 부모에게 하면 많은 분들이 '자녀 교육'이라고 서슴없이 대답한다. 그런 분들에게 다시 "그러면 세상에서 가장 어려운 것이 무엇인가요?"라고 질문하면 그 또한 '자녀 교육, 특별히 화내지 않고 아이 기르기'라고 하시는 분들이 의외로 많다. 자신이 없다는 얘기다.

자녀 기르기를 두려워하지 마라. 두려움이 인생 최대의 적이다. 앞서 말한 것처럼 두려움은 '불안'이라는 친구를 데리고 와서 우리를 움츠려 들게 하고, 뒤로 물러나게 해서 도전 의지까지 꺾어 버린다. 아이를 낳아서 어떻게 기르지? 대학까지 보내려면 최소 2억 원이 든다고 하는데 집은 언제 사고 해외여행은 언제 다녀? 잠 못 자고 고생하며 길러 봐야 나중에 제 잘나서 큰 줄 알고 휑하니 떠나 버리는데 뭣 하러 그 고생을 하면서 길러?

주변에 즐비한 이런 드림킬러들을 물리쳐라. 인생의 진짜 행복이, 진짜 축복이 뭔지 모르니까 하는 소리들이다.

결혼 안 하고 혼자서 잘 먹고, 잘 자고, 좋은 차 타면서 마음껏 여행하는 욜로가 행복이 아니다. 결혼은 하되 맞벌이해서 번 돈으로 단둘이만 크루즈 타고 즐기자며 아이를 낳지 않는 것도 절대 행복이 아니다. 이는 먹고 마셔 배부르고 기분 좋게 지내는 것에만 행복의 기준을 두는 우리 시대의 잘못된 가치관에서 비롯된 것이다. 진짜 행복은 거기에 있지 않다.

또, 자녀가 있는 사람도 아이가 태중에서부터 청년으로 성장할 때까지 한 번도 속 썩인 일 없이 언제나 기쁘게 육아를 해 왔다고 해도 그 또한 행복으로 느끼지 못한다. 인간의 뇌는 일정한 강도 이상의 쾌락이 끊임없이 주어져야 도파민과 세로토닌이 생성되어 행복감을 느끼는데 세상은 절대로 그것을 호락호락하게 허락하지 않는다. 아이러니하게도 우리의 뇌는 희로애락이 섞여 있을 때 기쁨을 기쁨으로 인지한다. 화가 나서 소리 지르다가도 우동 한 가락을 집어 아빠 먹어 보라고 건네 주는 아이의 마음 씀씀이에 감격의 눈물을 흘리기도 하는 그런 게 진짜 행복이고 진짜 기쁨이다.

지구별 여행선에 함께 탄 가족

아이가 축복이다.

우리는 우주로부터 아이와 함께 어린왕자의 비행선을 타고 지구별에 놀러 온 가족이다. 내가 원해서 한 가족으로 묶인 것도 아니다. 전지전능한 초월자가 여행에 필요한 모든 걸 지구별에 준비해 놓고 우리를 가장 행복한 여행을 할 수 있는 팀원으로 꾸린 다음 이곳에 보낸 것이다. "아이는 제 먹을 것은 타고난다"라고 했다. 아무것도 염려하지 말고, 지구별 여행을 즐기기만 하자. 그 여행에서 우리는 꽃이 피는 들판을 만나기도 하고 아름다운 노을을 볼 때도 있겠지만 물 없는 사막과 폭우로 불어난 계곡물을 함께 손을 잡고 건너야 할 때도 있을 것이다. 인생길은 이 모든 것들이 어울려 여행을 여행답게 한다.

완벽한 부모는 세상에 없다. 그러니 가끔씩 우리에게 와서 "너는 아이에게 소리나 지르고 화만 내는 나쁜 부모야"라고 속살거리는 목소리에 귀를 기울이지 마라. 이는 에덴에서 쫓겨나 지구별만 떠돌면서 두려움과 불안을 심어 우리들의 행복한 여행을 망치게 하는 악한 녀석의 모함이다. 낙원에서의 그 버릇을 아직도 고치지 못하니 영원히 하늘나라에는 돌아갈 수 없다. 속지 마라. 당신은 지금 인생에서 가장 위대한 임무를 수행중이다.

이기는 부모

인생이 이룰 수 있는 최고의 성공, 아이를 기르는 것

인생이 이룰 수 있는 최고의 성공, 그것은 아이를 기르는 일이다.

그러므로 아무것도 염려하지 말고 매일 아침 거울 앞에 서서, 가장 믿음 없는 거울 속 그 사람에게 이렇게 말하라.

당신은 아이를 건강하고 행복하게 키울 수 있다.

당신은 아이를 사랑과 단호함으로 잘 기를 수 있다.

당신은 아이의 필요를 채울 수 있는 가장 적합한 부모이다.

당신은 화내지 않는 육아를 할 수 있다.

당신은 그런 능력을 가지고 있다.

당신의 아이는 당신에게로 와서 가장 행복한 사람이 되었다.

당신은 반드시 이길 것이다.

당신은 이미 이기는 부모가 되었다.

기억하라, 아이에게 가장 위대한 선물은 바로 '당신'이라는 것을!

정해진 해결법 같은 것은 없다. 인생에 있는 것은 진행 중의 힘뿐이다. 그 힘을 만들어 내야 하는 것이다. 그것만 있으면 해결법 따위는 저절로 알게 되는 것이다.

- 생텍쥐페리

이기는 부모의 매일 아침 선포문

"인생이 이룰 수 있는 최고의 성공,
그것은 아이를 기르는 것이다!"

★당신은 아이를 건강하고 행복하게 키울 수 있다.

★당신은 아이를 사랑과 단호함으로 잘 기를 수 있다.

★당신의 아이는 당신에게로 와서 가장 행복한 사람이 되었다.

★당신은 아이의 필요를 채울 수 있는 가장 적합한 부모이다.

★당신은 화내지 않는 육아를 할 수 있다.

★당신은 그런 능력을 가지고 있다.

★당신은 반드시 이길 것이다.

★당신은 이미 이기는 부모가 되었다.

화내지 않는 육아

이기는 부모

초판 1쇄 발행 2019년 1월 10일

지은이 김순선
펴낸곳 글라이더 **펴낸이** 박정화
등록 2012년 3월 28일 (제2012-000066호)
주소 경기도 고양시 덕양구 화중로 130번길 14(아성프라자 601호)
전화 070)4685-5799 **팩스** 0303)0949-5799 **전자우편** gliderbooks@hanmail.net
블로그 http://gliderbook.blog.me/
ISBN 979-11-86510-80-3 03590

이 도서의 국립중앙도서관 출판예정도서목록(CIP)은 서지정보유통지원시스템
홈페이지(http://seoji.nl.go.kr)와 국가자료공동목록시스템(http://www.nl.go.kr/
kolisnet)에서 이용하실 수 있습니다.(CIP제어번호: CIP2018041864)

글라이더는 존재하는 모든 것에 사랑과 희망을 함께 나누는 따뜻한 세상을 지향합니다.